なぜ、メルセデス・ベンツは選ばれるのか？

The best or nothing

メルセデス・ベンツ日本株式会社
代表取締役社長
上野金太郎

サンマーク出版

どうせつくるなら、最善のものでなければ意味がないし、
どうせ仕事をするなら、完全燃焼でなければつまらない。

PROLOGUE

変わらずに、変わり続ける

挑戦だし、冒険だが、勝算はある。

あのときそう思っていたのは、私だけだったのでしょうか。

二〇〇七年秋、メルセデス・ベンツ日本は、かつてなかった場所で外部展示会を開催しようとしていました。

とある地方のイオンモール。そこに行けばなんでも揃《そろ》う、いわずと知れた日本を代表する巨大ショッピングモールを、お客さまとメルセデスの新しい出会いの場にする。

イオンの吹き抜けにメルセデス・ベンツを展示し、買い物に訪れる家族連れや地元の若い人たちにも、気軽に見てもらう。そんなプランが始まろうとしていたのです。

「イオンモールの集客力はたしかにすごい。でも、うちとはイメージが違うでしょう?」
「メルセデスの展示会といえば、やはり一流ホテルですよ」
社内からは、疑問と不安の声が上がりました。

全国に二〇〇拠点ほどある正規販売店は、輸入車のショールームとしては充分な数といえます。外部展示も定期的に行われていましたが、会場はたいていホテル。洗練された空間は、メルセデスのバリューである「先進技術」「性能」「安全性」をご理解いただく場としてふさわしく、ご招待したお客さまにゆっくり楽しんでいただける華やかな催しでした。

一方で、イオンモールといえば、老若男女、あらゆる顧客層が訪れ、年中大賑《にぎ》わいの「人が集う場」の代名詞ともいえる場所。その圧倒的な集客力には舌を巻くほどです。

これまで、外部展示といえば、「ホテルの宴会場で」「招待されたお客さまへ」のご案内だったメルセデス流の手法とはある意味で対極といえるでしょう。

「イオンとメルセデスというカップルは、お似合いではない」

これが世間のイメージだったのかもしれません。

「似合わないからいい。対極だからいい！」

当時、副社長として営業を統括していた私は、逆に〝違い〟をポジティブにとらえていました。

❖

ドイツで生まれたメルセデス・ベンツは、一八八六年に世界で初めて自動車をつくった会社、現在のダイムラー社の乗用車・商用車ブランドです。発明ばかりか自動車の量産も世界初であり、以来、ダイムラー社はその哲学と卓越した技術力によって世界の自動車産業を牽引《けんいん》してきました。「メルセデス・ベンツ」という名前は、「世に知られたブランド」といっても決して身びいきとはとられない知名度があります。

高いブランド力があればファンがつきます。高品質と群を抜いた安全性が伴っているため、「買い換えるならばメルセデス」といってくださるロイヤルカスタマーも大勢います。そのうえでニューモデルが発表されれば、販売台数は一定数確保できます。

日本でも、高級輸入車としてはまずまずといえる四万台が、毎年コンスタントに売れていました。

しかし、「コンスタント」といえば聞こえはいいものの、それは描いてみれば横ばいのグラフです。学校の成績なら「オール五」の横ばいとなれば合格ですが、ビジネスにはオール五をとった先に、オール一〇も、オール一〇〇も、いや、一〇〇〇も万もあり、そこを目指さなければならない。

これはおそらく、自動車業界に限った話ではないと思います。**どんなに優秀な数字であろうと、いかに目標を連続達成しようと、上向きでないグラフを描くビジネスは、決して前向きなものではないのです。**

「新車は発売年に〇〇台売れて、新車効果が落ちた二年目は〇〇台に減って、三年目は〇〇台に推移していく。だからまあ、既存のモデルを合わせて〇〇万台を目標にしましょう」

無難な目標を立てて、無事にそれを達成して、みんな頑張ったねと喜び合う。はたしてこれは、健全なビジネスモデルなのだろうか？

私はずっと疑問を抱いていました。

私たちの会社は、ドイツ・ダイムラー社が生産するメルセデス・ベンツを日本に輸入して販売するインポーターで、ダイムラー社の子会社です。目標台数とは本社からあらかじめ輸入する台数であり、高価な製品である以上、大きな金額が動きます。「目標設定ミスで、余ってしまったらどうしよう」という恐怖は、常についてまわります。「無茶な目標を立てて達成できなかったら大変だ」と考え、無難な安全運転をしたくなるのは、無理もないところがあるのです。

しかし、無難にやっていて売れるほどこのビジネスが甘くないことは、一九八六年に日本法人が設立された翌年に新卒として入社した、いってみれば叩《たた》き上げの私自身が痛感していることでした。

「何台なら売れるだろう、ではなく、何台売るかを目標にすべきではないか？」

「メルセデス・ベンツのブランドに甘えて、お山の大将になってはいないか？」

「マーケティングを、ゼロから考え直したほうがいいのではないか？」

そんな漠然とした疑問から生まれたイオンモールでの展示でしたが、ほどなく、二〇〇八年、リーマンショックが起こりました。**ほぼ四万台、好調な年であれば五万台**

で推移していた販売台数が三万台を切ったとき、いよいよ大きな決断をしなければならないと覚悟しました。

これまでの売り方から、大きく舵《かじ》を切らなければならない。変わらなければならない。そう確信しました。

当時私は副社長として、営業を統括していましたが、「営業の責任者としてマズい！」という私一人の問題でもなく、「本社に対してマズい！」というメルセデス・ベンツ日本という会社だけの問題でもありません。

メルセデス・ベンツ日本の社員数は五〇〇名ほどですが、ともにビジネスをしている人も含めれば、メルセデス・ベンツ日本にかかわる人は何千人にもなります。家族も含めれば、生活がかかっている人の数は二倍、三倍と膨れ上がります。

四万台売れていたものが三万台になるとは、ビジネスとして約三割落ち込んだということ。もしも「全国二〇〇か所の販売店を三割減らせ！」「業務を縮小しろ！」となれば、多くの人が仕事を失い、ひとつの経済ネットワークが成り立たなくなってしまいます。

もうひとつ付け加えれば、日本で販売するクルマは右ハンドルで、欧米モデルとは異なる仕様です。日本というマーケットを世界レベルで見たとき、「なんだ、たいして売れない小さな市場じゃないか」となれば、「わざわざ手間とコストをかけて、日本仕様車を生産する必要はない」と、ドイツ本社が判断するということもありうるのです。

私は名前こそ金太郎ですが、熱血サラリーマンでもなければ愛社精神のかたまりでもありません。しかし、小学生からカートレースに出場していたほどクルマに魅せられ、今はこうして、クルマを売る仕事をしている。そう考えると〝クルマに人生を決められた〟人間といっていいかもしれません。

そんな私がただひとついえるのは、「自動車を発明した会社として、責任と使命を果たす」というメルセデス・ベンツの姿勢に深く共鳴していて、このクルマは日本にとっても社会にとっても必要なよきものだと、本気で思っているということ。

そもそも本気で信じていなければ、クルマという人の命を預かるものを売ることなど、できないのではないでしょうか。ですから、万一、メルセデス・ベンツが日本市場から去っていくことになってしまったら、私自身、それはたまらなく悔しい。

もちろん、日本市場から去るというのは論理の飛躍ですが、幼いころからの負けず嫌いの性格と、メルセデス・ベンツ日本に入社後、あらゆる現場で仕事を体に叩き込むなかで培われてきた**「できない理由を探すより、できる方法を探したい」**という性分が、リーマンショックでの販売の落ち込みを機に、ぐいと頭をもたげてきたのは確かです。

「これまでに、やったことのないことをしよう」

「メルセデス・ベンツの敷居を低くして、これまで〝自分には関係ない〟と思っていたお客さまたちに出会おう」

こんな思いを胸に、新たなマーケティング活動が始まりました。

長きにわたるファンを失わず、同時に、まったく違った新しいファンをつくるという試み。成熟したすべての市場が挑戦せねばならない試み。

その試みとは挑戦だし、冒険だが、きっと勝算はある——そう信じて。

❖

やってみて初めてわかることは、たくさんあります。

「なんだこれは！　人の流れが止まってる！」

イオンモールの二階、吹き抜けからクルマが展示してある様子を収めた写真を見て、私は思わず叫びました。

せっかく最高のクルマを最高のかたちで展示しているのに、人通りはクルマを中心に左右に分かれている！　現場の社員から送られた写真は、私が予想したものとはまったく違ったものでした。

人の流れのなかで、新しいメルセデスとお客さまの出会いの場を、そう思っていたのに、人はクルマを避けていく。ホテルの展示会や正規販売店と同じように、セールススタッフたちが展示車を取り囲んでいたのが原因でした。

週末、のんびりと食料品の買い出しに来た家族連れにとって、紺のスーツでびしっと決めた男たちはあまりにも異質です。「獲物を追うハンターのようなセールススタッフ」とまではいいませんが、威圧感がある。ちょっと立ち止まろうものなら、「お客さま、どうぞゆっくりご覧くださいませ」と寄ってきて、子どもが触ったらすかさず指紋を拭いたりしている。これでは、敷居を低くするどころか、逆に高くしてしまいます。

私はすぐさま、現場に伝えました。

「夏なんだし、セールススタッフはポロシャツに着がえましょう」

「スーツ姿の男性ではなく、女性をメインに配置して」

「まず子どもたちに風船を配ろう。風船目当てに来てくれたお子さんに連れられてやってきた親御さんに、クルマを見てもらおう」


これまでセールススタッフたちが接してきたお客さまとは違う顧客層、違う場所、クルマを目的にしていないお客さまに興味をもってもらう、というこれまでと違う状況。販売店を巻きこんでの新しい取り組みはトライ&エラーの繰り返しでした。

やってみると、そこでは実にさまざまな収穫がありましたが、なかでも私が驚いたことのひとつが、「お客さまの価格帯の認知が事実と違っている」というものでした。

「ベンツって一〇〇〇万でしょ。うちには無理無理、縁がないよ」

というお客さまが、「何これ。Aクラスって三〇〇万円なの」「えっ、このセダン、四〇〇万円で買えるの」と驚いて、興味をもってくださる。次から次に新しい出会いが生まれたのです。

イオンモールでの展示はこのあと全国に広がることになりますが、これはひとつのきっかけに過ぎません。「メルセデス史上、最高傑作のC。」といった積極的なコピーライティング、世界初の試みである「クルマを売らないショールーム」メルセデス・ベンツ コネクションの誕生、新車種のモデルイメージをつくりあげるためのアニメーションCM製作、スーパーマリオが登場する新たな広告展開など、さまざまな取り組みへとつながるのです。

これらの取り組みは、二〇一三年には五万三七二〇台、二〇一四年の六万八三四台と、国内でのメルセデス・ベンツ車の年間新規登録台数最高記録を連続更新し、二年連続で、国産車を含むプレミアムブランドナンバーワンを達成するという結果をもたらしました。

❖

『なぜ、メルセデス・ベンツは選ばれるのか？』

タイトルの問いは大きな問いであり、私には、とてもひと言で答えることはできません。だから一冊の本を通じて、私なりの答えをお伝えしていきます。

「どうだ！」という思いなどつゆほどもなく、私自身が、社員と一体となって「どうすれば、メルセデス・ベンツを選んでもらえるか？」を真摯に考え、選ばれる理由を絶えずつくりだすための奮闘の記録でもあります。

いわば営業日報のようなもので、日々更新。完成ではなく継続中です。**なぜなら、いちばん大切であり、本当に難しいのは、いっとき「選ばれる」ことではなく「選ばれ続ける」ことなのですから。**

毎日、毎日、変わらずに変わり続けることで、「なぜ、メルセデス・ベンツは選ばれるのか？」という問いをもたれる存在であり続けたい。そう願っています。

ゆえに私は「メルセデス・ベンツ日本物語」を書くつもりはありません。

「サラリーマン・上野金太郎」が、日本人としては歴代初の「社長・上野金太郎」になった自伝のような話をするつもりもありません。

結構なリアリストでもあり、精神論はむしろ苦手。実際に役に立たない話も率直なところ好みではないのです。

グラフは横ばいで当たり前、ベストを尽くしているけれど、現状維持が精一杯、新しい市場が広がらない。どんな業界にもありうる「壁」を突き破るために、ビジネスパーソンとしてどんな挑戦ができるか。

既存の顧客を大切に守り、愛され続けながら、まったく違った顧客との新しい出会いをどう獲得していくか。

世界規模で展開する企業で日本人に何ができるか。

「できない理由」が無限にわく状況で、「できる方法」をどれだけ探せるかを、マーケティング、営業、そして経営の観点から、この本でシェアしたい。

何よりも私の不格好な〝実録〟を通して、「変わらずに、変わり続ける」素晴らしさを、「伝統を守り、育てる」喜びを、みなさんご自身のビジネスに役立てていただけたら、これほどうれしいことはありません。

メルセデス・ベンツ日本株式会社　代表取締役社長
上野金太郎

『なぜ、メルセデス・ベンツは選ばれるのか？』目次

CHAPTER-3 ていねいでありながら最速——メルセデスな仕事

CHAPTER-4 人は大切、効率も大切——メルセデスな組織

CHAPTER-5

王道なのにポップ――メルセデスなひとひねり

ブックデザイン　竹内雄二
構成　青木由美子
本文組版　山中 央
編集協力　乙部美帆
編集　橋口英恵（サンマーク出版）

CHAPTER-1

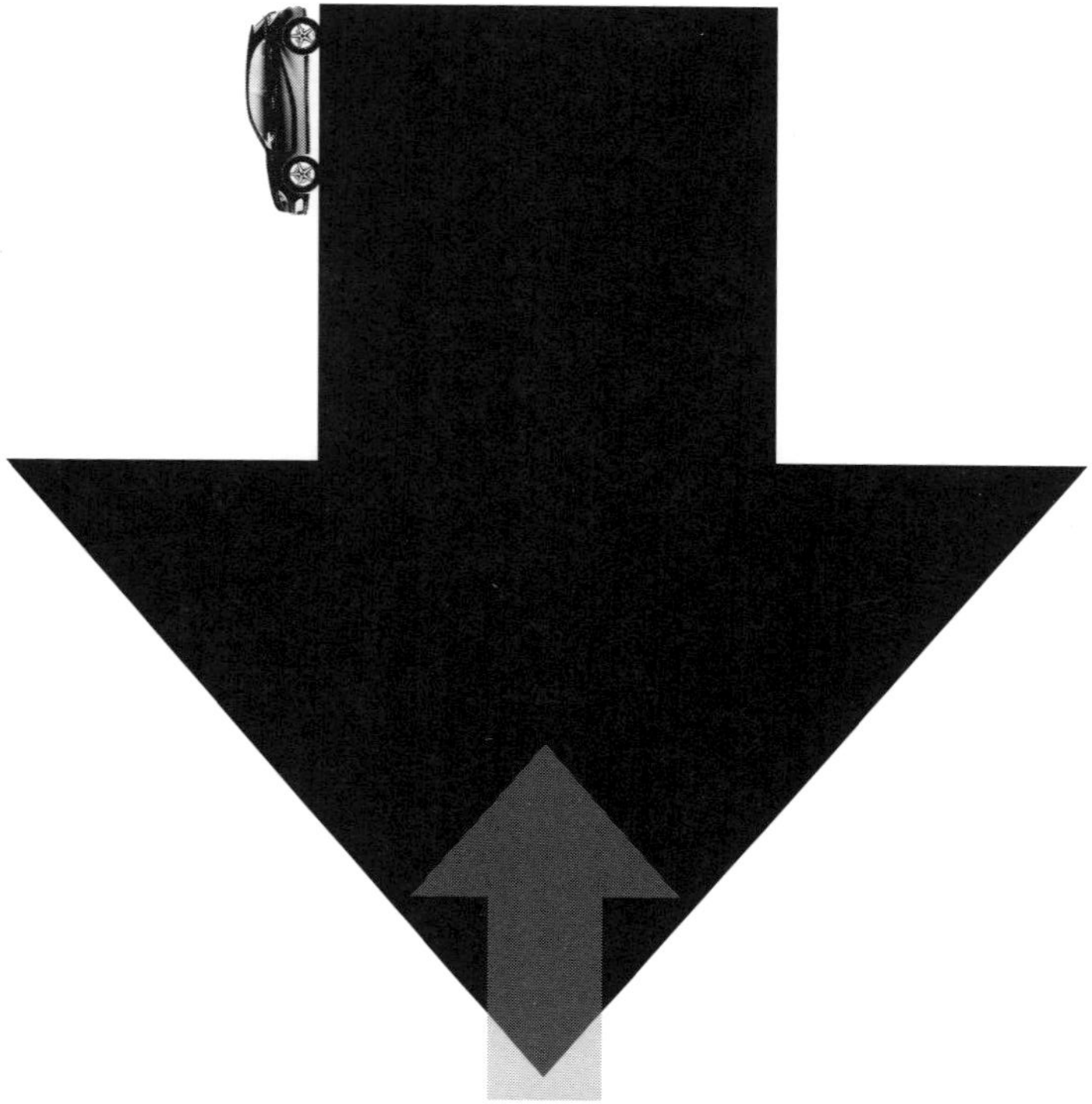

Chapter-1

売らずに売る

メルセデスな売り方

お客さまをじっと待っていては伝わらない。
市場のドアは自分たちで開けよう。
新しいお客さまと出会うために、新しい場所に出かけていこう。

Mercedes Way

どこを変えずに、どこを変えるか

お客さまを待つな、市場へのドアは自分で開けろ

世界トップの高級大型セダン。

医師、弁護士、会社経営者など、〝成功者〟や〝お金持ち〟が乗るクルマ。

大人のクルマ。若い人にはあまり縁がない。

新宿でも池袋でも名古屋でもいい。「メルセデス・ベンツのイメージは？」と街頭インタビューをしたら、街行く人から返ってくるのはこんな答えかもしれない。

私がそう考えていたのは、二〇〇七年ごろ。当時はメルセデス・ベンツ日本の副社

長として、セールス&マーケティングの責任者を務めていました。

あながち的外れではなかったでしょう。

「自動車を発明した責任」という言葉が代々受け継がれている会社だけに、安全性能の追究は揺るぎないものであり、デザインにも妥協しない。世界トップクラスのクルマだという自負があります。

愛用してくださるオーナーは富裕層が多いのも事実です。一〇〇〇万円近くという価格帯のクルマも珍しくなく、顧客の平均年齢は五〇代。「お金持ちが乗る大人のクルマ」という印象がついてまわるのも、無理からぬことでしょう。

しかし、それがメルセデス・ベンツのすべてかといわれたら、明らかに違います。

当時もすでに〈Aクラス〉〈Bクラス〉という二〇〇万円台から五〇〇万円台の高級国産車に近い価格帯のクルマはあり、若い人たちがクルマを買おうというとき、選択肢になりうるモデルです。

クルマも社会の変化に合わせて変わります。九〇年代半ばから世界レベルで環境問題に関心が高まり、二〇〇〇年に入ると明らかなダウンサイジングの流れが生まれていました。「小さくて、低排出で、低燃費がいい」というように、クルマへのニーズは激変したのです。

メルセデス・ベンツはそれに対応して新たなモデルを発表しているのに、日本ではいまだに「大きくて燃費が悪い輸入車だ」と思われている。「ベンツはお金持ちのクルマで、自分には関係ない」と多くの人々に誤解されている――。

さらにいえば、車型のバリエーションは群を抜いて豊富で、色の選択肢もたくさんあります。こうしたメリットも、あまり知られていませんでした。


メルセデス・ベンツ日本は、ドイツのダイムラー社が擁するメルセデス・ベンツ・カーズの一員。ドイツ本社からクルマを輸入し、ヤナセをはじめとする日本の販売店へとつなぐインポーターです。販売店は完全な別会社。直営の販売店をもたない私たちにとって、大切なパートナーであり、同時にクライアントでもあります。つまりはプロローグで述べたとおり、実際に生産するわけでも、販売するわけでもないのです。

私たちの役割は、販売店支援と世の中へのアプローチです。マーケティングをし、イメージを広め、ブランド構築をし、売り方を考えること。最高のクルマを最高のかたちで日本のお客さまに届ける、よき水先案内人となること。

したがって、世界の「今」のニーズに合わせたクルマでありながら日本で認知されていないとは、自分たちが水先案内人として機能していないということです。「役立たず」はいいすぎですが、「まだ完璧ではない」といったらきれいごと。私が感じていたのは、明確な危機感でした。

「このままでは、危ない。今のままでは確実にダメになる」

じりじり下がる数字にとどめを刺したのは、二〇〇八年のリーマンショックでした。

日本は、新車の四割が軽自動車という〝小さきもの〟を好む特殊な市場です。また、えんえんと続くデフレ経済の影響もあり、五〇〇円ランチ、一〇〇〇円の服など、食品やファッションに〝破格に安い〟というビジネスモデルが誕生し、市場では熾烈《しれつ》な低価格競争が始まっていました。高額商品を扱う企業には、厳しい状況です。

幸い、リーマンショックから一年も過ぎると販売数は回復の兆しがありましたが、私のなかの危うさは消えませんでした。持ち直してきたものの、企業としての実力で押し戻したとはいいがたい。底冷えした景気の揺り戻しと、世界的に評価されている〈Cクラス〉の堅調な売れ行きに助けられたことは否めないと感じました。

世の中の流れをよそに、高級ブランドのイメージに安住している自分たち。お客さまではなく、己のコストと効率を意識したセールスをしている自分たち。

リーマンショックの危機も、喉もと過ぎればなんとやら。冒険どころか新しい試みも挑戦もしていないのではないか。回復とまではいえない数字が、はっきりと「売れない事実」を突きつけているのに、見て見ぬふりをしているのではないか。

「売れない理由」はドイツ本社でもなく市場でもなく、メルセデス・ベンツ日本にある。こう考えてみると、こみ上げてくるのは、たまらない悔しさでした。今までどおりの〝高級車のマーケティングやセールス〟を続けていたら、世間から乖離《かいり》していくだろう。そう感じました。

「メルセデスという名前の認知度が高いことに甘えてはいけない。きちんと中身まで理解してもらおう!」

お客さまをじっと待っていては伝わらない。市場へのドアは自分たちで開けよう。新しいお客さまと出会うために、新しい場所に出かけていこう。販売店を巻き込んだ、新しい取り組みが本格化しました。

イオンモールでの外部展示を始めてみると、販売店の心理が変わりました。

「ちゃんとしたショールームがあるのになぜ?・」「イオンはメルセデスのイメージと違う」という、売る側にこびりついていた先入観が、新しいお客さまとの出会いによって、みるみる覆されたのです。

「前はメルセデスに乗ってたんですよね。久々に見たらやっぱりいいね」

「私でも手が届く価格帯のものがあるなんて、知りませんでした」

しばらく遠ざかっていたお客さま、新しいお客さまがイオンでメルセデスと出会い、販売店のショールームにも足を運んでくださる。

じっと待っていたら決して出会えないけれど、自らドアを開けて出ていけば、新しい市場との出会いは確実にある。私は手応えを感じていました。

コンサバティブな常識を覆した「らしくない」CM戦略

アバンギャルドかコンサバティブかでいえば、従来型のメルセデス・ベンツの新聞広告やCMは後者。ドイツ本社の影響を色濃く受けています。落ち着いていて、上品で、ターゲット年齢が高いつくりです。

「メルセデス史上、最高傑作のC。」

こんなコピーで赤いクルマを疾走させたのは二〇一一年五月。三代目〈Cクラス〉の新たなメディア戦略でした。

アメリカでは「コカ・コーラよりペプシがおいしい」をはじめとする比較広告が定着していますが、日本では客観的データのない比較広告は禁止されており、そもそも「ライバルをけなすなんて品がない」という美意識もあります。そこで「当社の従来製品より三倍の洗浄力」といった自社内の比較広告が登場しましたが、これすらメルセデスではありえないことでした。

世界一を自負するクルマが、わざわざ自分からむきだしに「俺ってすごいぞ!」と宣言するのはメルセデスらしくない。それゆえに美しいクルマ、風景、音楽と製品名があればいいという考え方でつくられたおとなしいCMが主流だったのです。

そこに突きつけるように製作した「メルセデス史上、最高傑作のC。」。自ら史上最高傑作と高らかに宣言するとは、〝メルセデスの広告の常識〟を引っくり返したメディア戦略なのですから、冒険で挑戦です。「らしくないね」と驚いたオーナーも、「こんな手があったのか」と感じた同業他社もずいぶんいたようです。

鉄板はない。正解はない。だから限界まで嗅覚を研ぎすまし、念には念を入れて綿密な計画を立て、でも最後は、何があっても突進する覚悟と勇気をもつ。

大きな失敗を冒す余裕はないけれど、小さな失敗ならできる。とはいえ、小さな失敗を積み重ねれば大きな失敗になるのですから、大きな成功を重ねることを目標に、ひとつひとつ、こなしていくしかありません。

新しいことをするとき、「まわりのみんなが大賛成！」というのはレアケースでしょう。トライ&エラーを始めてからは、「メルセデスのブランドから外れているんじゃない」という声も当然、出てきました。しかし私には、「ブランドを守る。その点だけは大丈夫」という自信がありました。


メルセデスはクルマを売っているのであって、鉄とガラスとゴムのかたまりを売っているわけではありません。快適性と高性能、安全を売っていますが、それだけでもありません。

私たちが売っているのは、クルマではなくスタイル。 クルマにはファッション性もあるし、生活全般や生き方に影響する素材であることは間違いありません。

「乗る人のライフスタイルに伴走することがメルセデス・ベンツの役割だ」

これが私の考えでした。

最高のテクノロジーを搭載した最高品質の商品をお届けしているという自信はありますが、高額なものをご購入いただく以上、それだけでは足りないのです。

「メルセデスに乗る」という体験を通して、自分の人生を演出し、自分のスタイルを整え、高めていただきたい。お客さまが最高のライフスタイルを走っていくとき、伴走する存在でありたいとも願っていました。

これまでアピールポイントとされていた「故障が少ない」「長距離を走っても疲れない乗り心地のよさ」「万一の事故に備えた最高レベルの安全装備」というものは、もはや基本的なバリューとして提供し、出し惜しみをしない。クラスの差別化も大切ですが、技術の進化に伴い、上位クラスに搭載されている〝最高の頭脳〟ともいえる機能が、コンパクトクラスにも搭載されるようになっていました。

「いかなるクラスであっても、それぞれのカテゴリーでナンバーワンを目指す」このスタンスがあれば、ブランド価値を守り続けることができます。

そのうえで「メルセデスであなたにふさわしいライフスタイルをつくりあげましょう」とこれまでにない提案をすれば、新たな価値を上積みすることもできるはず――。

いうまでもなく、ライフスタイルは人それぞれ。年代や家族構成によっても、人となりや考え方でも、経済状態や職業でも違います。

たとえば、子どもがいる家族といない家族では、乗るクルマが違うでしょう。家族四人ならステーションワゴンがいいのかもしれません。同じように子どもがいても、やがて独立して再び夫婦二人の生活になったら、オーソドックスなセダンに戻してもいい。あえて遊び心を加えてツードアのオープンカーにしてもいい。社会的なポジションの成長に合わせて、小さなクルマから大きなクルマにグレードアップしたい人もいるはずです。また、環境問題に関心が高い人といっても、ハイブリッドにしたい人もいればプラグインにしたい人もいます。

新車と中古車。〈Aクラス〉と〈Sクラス〉。幅広い選択肢が用意できれば、それだけ多くの人のライフスタイルに伴走することができます。考えようによっては「メルセデス・ベンツなんて関係ない」と思っていた人の人生にも、コミットできるかもしれません。

顔の見えない未来の顧客にいかにリーチするか

「みなさん、ちゃんと準備はできていますか？」

二〇〇九年、新しい車種群が導入されることがドイツ本社で決定しました。全世界のメルセデスで、価格を抑えたコンパクトカーに注力しようとなったとき、〈Aクラス〉の伸びはいまひとつ。そこでコンセプトを変更し、「新型〈Aクラス〉をテコ入れせよ」との声がかかったのです。

日本では、トータルで年間四万台ほどを二〇〇強の店舗で販売している状況。販売力のマックスが四万台であれば、コンパクトカーなどの新しい車種が入ってくるぶん、これまでの車種が犠牲になります。つまり、四万台というひとつのパイを、新車種と既存の車種で分け合うということです。

失敗したくないなら、パイを分けるのが無難なやり方に見えます。しかし当時の販売形態は高価格帯の車種を選ぶ、端的にいえば〝お金持ちの大人〟に向けたものでした。同じアプローチで、三〇〇万円台のコンパクトカーが若い人に売れるのでしょうか？　いや、今のままではどう見ても無理だと私は感じました。

「ジャパンはどうだ？」

シュツットガルトにあるダイムラー本社の会議の席上で聞かれたときは、日本のセールスの責任者として、素直に「準備できていません」と答えました。「だから準備します！」と、いい添えて。


日本に戻り、社員には「必死で売ろう」と発破をかけましたが、私がいう必死とは、気持ちとして危機感をもつということ。行動はあくまで冷静でなくてはなりません。「頑張ればなんとかなる！　やればできる！」という精神論は通用するはずもなく、すべてのビジネスには戦略が必要です。


目標数は絶対であり、大切です。しかし、「販売台数さえ上がれば、なんでもOK」とばかりに、なりふりかまわずがむしゃらにやってしまうと、たちまちブランドイメージは壊れてしまいます。

顧客満足度はCSとして数値化されていますが、メルセデス・ベンツ日本の場合、光栄なことに非常に高い。販売台数だけを追求してお客さま一人ひとりの満足度を損なうような愚はおかすまいと、肝に銘じました。

変えてはならない部分と変えるべき部分を知ってこそ、変わらずに変わり続けることができます。

みなさんはご存じでしょうか？　現在は当たり前となった、自動車の衝撃吸収構造ボディーは、一九五〇年代にメルセデス・ベンツが世界で初めて開発したもの。安全性への絶対的なこだわりから生み出されました。「クルマは安全でなくてはならない」というのは、メルセデス・ベンツというブランドが存続する限り、決して変わらないこだわりです。

しかし、もしもボディーだけで満足して変わらずにいたら、安全性というこだわりは守れません。たゆまぬ追求を続け、一九八〇年代にはシートベルトテンショナーやエアバッグを実用化し、社会に安全整備を広めたのです。

変わらずに変わり続けること。これがメルセデス・ベンツというブランドが一〇〇年を超える歴史を誇る理由であり、あらゆる企業が生き残る必須条件でしょう。

それはまた、私たちが目指すべき変化でもありました。

これまでとは違う価格帯、顧客層をターゲットとした「新型Aクラス」の販売をテコ入れせよ、となったとき、基本としたのは、二本立てのアプローチでした。

第一のアプローチは、ロイヤルカスタマーを失わないこと。

メルセデス・ベンツの販売台数は、日本全体のシェアとしては一・三パーセントほど。輸入車全体でもシェアは一〇パーセントに満たない国産自動車が非常に強い日本の市場で、メルセデスのシェアを二〇パーセント、三〇パーセントに押し上げようというのは無理な話ですし、目指すべき方向でもありません。「とにかく数！」で顧客を獲得する性質のブランドではないことは明らかです。

オーナーのみなさんは、「いちばん安かったから」「買いやすかったから」という理由で私たちのクルマを選んだのではない。「身近だったから」という理由の人も、国産車のオーナーに比べれば格段に少ないでしょう。

「いつか乗りたいと憧れていた」「性能が素晴らしい」「父親が乗っていた」「ステータスシンボルだ」「伝統が好きだ」など、何か特別な思い入れがあるから、オーナーになってくださっている。つまりオーナーとは、メルセデス・ベンツを信頼し、愛してくれている人たちなのです。

信頼と愛でクルマを買う人は、「こっちが安い」「あっちが便利」というだけで簡単

に別のクルマに乗り換えない。それなら売る側も本気でこたえなければなりません。

きめ細かな販売とアフターサービス、訪問やホテルでの招待制の展示会など、ロイヤルカスタマー向けの従来型の販売態勢も続けていくことが大切です。

その前提での第二のアプローチは、新しいお客さまと出会うこと。

新しい〈Aクラス〉に乗ってくださるお客さま、未来のメルセデスのオーナーは、顔が見えません。どこにいるのかもはっきりしません。潜在的にいる、街のあちこちにいる、でも「メルセデスが欲しい」とおでこに書いてあるわけじゃない。

不特定多数へのアプローチ、マスに向けた〝空中戦〟が必要になってくる——そこで浮上してきたのが、メディア戦略と「今までになかった新しい戦略」でした。

この世に三〇〇万円のサンダルは存在しない

あらゆる人にアプローチする。新しいお客さまのライフスタイルに伴走する。

そう決めたときに真っ先に捨てなければならないものは、愚かな勘違いでした。

宝石でもクルマでも不動産でも、高額商品を販売するとき、誰もが陥りやすい落とし穴があり、それにハマると、たちまち金銭感覚がおかしくなってしまいます。

たとえば、メルセデス・ベンツのモデルを、この本を書いている時点での金額順に並べると、二九二万円の新型Aクラスから、八〇〇〇万円のスーパー六輪車〈G63 AMG 6×6〉まで、かなりの幅があります。〈G63 AMG 6×6〉は二〇一四年に限定五台で発売したものですから例外としても、日常的に一〇〇〇万円クラスの商品を扱っていると、いつのまにか売る側は、「三〇〇万円のクルマなんて安い」と感じてしまうことがあるのです。

「三〇〇万円が安いだって？　じゃあ財布出して自分で買ってみろよ」

こういわれて「了解です」とサクッと即答できるなら話は別ですが、そんなことはありえない。富裕層の方のなかには、「へえ、これは三〇〇万円台なの？　じゃあ、サンダル代わりに買おうかな」という方もいらっしゃるかもしれませんが、三〇〇万円もするサンダルは、私の知る限り存在しません。

勘違いしてしまう理由も理解はできます。三〇〇〇万円のクルマを売るのも三〇〇万円のクルマを売るのも、売る側の「手間」という部分ではすべて同じ。契約から車庫証明、印鑑証明といったペーパーワークも納車もまったく変わらないのです。

「だったら三〇〇〇万円のクルマを売ったほうが利益も出るし効率もいい」

「Aクラスを五台売るより、〈SLS AMG〉を一台売るのがデキるセールスだ」

自分の利益だけにフォーカスしていると、こんな〝計算〟をしてしまうのです。しかしこれはあまりにもショートスパンな思考です。

買ってくださったお客さま全員に「選んでよかった」と実感していただかなくては、スタイルを売ったことにはなりません。販売目標という自分の都合を最優先したまま、お客さまのライフスタイルに伴走しようなど、思い上がりもいいところです。

三〇〇万円でも三〇〇〇万円でも、その人のライフスタイルのなかで大きな対価を払っていただいているという意味では、価値は同じです。

カッコつけるつもりはありませんが、対価にふさわしいものを、サービスなどの〝売り方〟を含めて提供するのは当たり前のこと。何より、それがどんな価格帯であろうが、自分たちの商品に愛情をもって送り出すほうが、仕事をしていて気持ちがいい。私はそう思うのです。

まずはお客さまに出会う。小型車、中型車にきちんと納得して乗っていただく。そのうえで気に入っていただけたなら五年後、一〇年後に、ステップアップして乗り換えていただくこともあるかもしれません。

こんなふうにお客さまとの出会いを大事にし、関係を育てていって初めて、オーナー一人ひとりのライフスタイルに伴走することができます。

私は販売員ではありませんが、昔も今も、メルセデス・ベンツとお客さまをつなぐ役目としての「セールススタッフ」だとつねづね思っています。

セールスに大切なのは、人と人とのつながりを途切れさせない努力です。長く商いを続けていくためには、信頼を確保する。これこそ、ロングスパンのビジネス思考だと思うのです。

〝できない理由〟には〝できる方法〟で立ち向かう

クルマを売らないショールームをつくる⁉

「新しいお客さまと出会うために新しいことをしよう」というとき、私が温めていた具体的な戦略はふたつ。そのひとつが**「クルマを売らないショールーム」**でした。

「メルセデス・ベンツというブランドの入り口をつくりたい」と願っていました。

従来のショールームは敷居が高いものです。「あっ、カッコいいクルマだな」と見たくなっても、ドアを押したとたんセールススタッフに取り囲まれそうで怖い、そう思っている人も少なくありません。でも、売らないショールームだったら？　一切、セールスをされなかったとしたら？

世界会議、モーターショー、打ち合わせの席でもランチの席でも、ドイツ本社の人たちと顔を合わせる機会があれば、私はすかさずアイデアを話しました。

「メルセデスの情報発信基地になるような場所をつくりたいんです。販売店のショールームと違って、クルマは売らない。買う気がまったくない人も、ふらっと入れるようなところです。最新モデルのメルセデスを間近で見て、触れて、感じて、頼めば試乗もできるけれど、絶対にセールスはされない。カフェも併設したら、いろんな人が、気軽に足を運んでくれるはず。ご縁がなかった人を、新たなファンにできます」

何人かはアイデアに共感し、「いいんじゃない」といってくれましたが、「それって何?」と首をかしげる人も多数。いずれにせよ、すぐに本社の承認を得るには、あまりに大きなプロジェクトでした。

メルセデス・ベンツ日本はこれまで、IT関係、新車整備工場や部品センターなど、業務上必要な投資はしていたものの、直営店やマーケティング施設はもっていませんでした。ショールームをもつとなれば、不動産を押さえなければならない。新たに人件費もかかる。運転資金も必要。大きな投資案件となります。業績は改善の兆しでしたが絶好調というわけでもなく、無謀だと感じる人もたくさんいたでしょう。

「難しいのではないか」という懸念の声もあれば、「いったい、何を考えているんだ?」という全否定の意見もありましたが、あきらめず、へこまず、コンセプトを語り続け、同時に、アイデアを練り続けました。なかでもネーミングはとても重要です。

当時のメルセデス・ベンツ日本の社長ニコラス・スピークスとは二人で大いに議論しました。

「名前は〈メルセデス・ベンツ コネクション〉にしよう。セールスに大切なのは顧客とのつながりだから、コネクション。新たな人とのつながりを生み出す場、〈メルセデス・ベンツ コネクション〉だ！」

場所についても熟慮しました。あらゆる人が集まる街。メルセデスのブランドイメージを損なわないスタイリッシュな街。新しさがある街。

青山に土地があると聞けば見に行き、代官山にいいところがあると聞けば飛んでいき、「昼間は人が多いけれど夜は真っ暗になってしまう」と気がついたり、「金額がまったく折り合わない！」と頭を抱えたり。

結局、古くからの大人の街で、再開発によって新しい魅力を備えた六本木がいいとなり、そこからは焦点を絞った候補地探しです。日本本社の拠点であり、個人的な話ですが、私にとっては子ども時代に住んでいたなじみの土地でもありました。

運よく、ドイツ本社のセールス&マーケティングの責任者が日本を訪れるチャンスがあったので、最有力候補地に連れていきました。もちろん説得するためです。

「ここです。人通りはこうで、交通の流れはこう。ここにコネクションを建てて、ガラス張りにして、このあたりをショールームにします」

砂利が敷いてあるだけの六本木の空き地で、手を広げ、足を踏ん張り、私は必死で説明しました。

「うーん、そんなにやりたいのか」

「やりたいです！」

粘り勝ちで「まあ、方向性としてはいいだろう」と本社の内諾を取りつけましたが、大変なのはそこから。投資案件として土地の検討開始です。

「適正な価格で借り入れられるのか」に始まる、膨大なチェック。世界の投資物件をダイムラー社としてどう見ているか、審査が始まりました。本社のマーケティング担当者や役員はもちろんのこと、CFO、投資委員会をはじめとする各委員会の承認を得る必要があります。

「キンタローがいいという六本木のこの土地、投資案件として高すぎるのではないか？　もっと検討しよう」と会議が始まります。彼らはドイツ人で、東京の土地勘もなければ日本の不動産事情もまったく知らない。それなのにえんえんと続くドイツでの検討期間にじれていると、電話が入ります。

「上野さん、六本木のあの土地、売れちゃったそうです」

リーマンショックから息を吹き返した六本木で、いい不動産は足が早い。「御社が契約しないのなら、よそで」と、めぼしい候補地はどんどんなくなっていきます。

「ところで、本当にクルマの販売はしないつもりなのか？　それでどうやって予算が取れる？　場所代、運営費、人件費、カネが出ていく一方のプランだ」

難航していると〝できない理由〟や不安材料を引き寄せてしまうものなのか、ドイツ本社からは計画を根底から覆すような、今さら発言も出てきました。

「〈メルセデス・ベンツ コネクション〉という情報発信の場をつくり、お客さまに出会えれば、そこから販売店につなぐことも可能です。日本にはメルセデスの理念を理解している販売店が二〇〇以上ある。彼らはクルマを売るプロ集団です。商談になれば販売までもっていけるセールススキルがあるのですから、勝算は確実にあります。

何より、新たな顧客が潜在しているマスに向けて、ブランドの魅力をアピールするかつてない拠点となるはずです」

〝できない理由〟に対抗するには、〝できる方法〟を見つけ出すしかありません。それも可能な限り、具体的で見込みがある方法を。

計画を詰めるうえで、レストランとカフェの運営やグッズ販売など、売り上げを立てるアイデアも盛り込みました。私は出張であちこちの国へ行くので、イタリアに面白い拠点があると聞けば視察に行ったり、あらゆる説得材料を集めました。

土地を仮押さえし、建築家に図面を引いてもらい、やっとのことでショールームの模型が出来上がってきたころ、最後の最後になって、本社から連絡がきました。

「やはり、白紙にしよう」

ニコラス・スピークスはイギリス人でしたが、本社からの強硬な反対に迷いが生じたのでしょう。ニックは私に「やめるか？」といいました。そのころの私は副社長で、社長とは立場が違います。副社長の私にとっての未知なる冒険とは、社長にとっては大きな責任を伴う経営判断であり、リスクを引き受けるのも社長です。矢面に立つボスがひるんでいるのなら、部下がどう頑張っても勝算はない。トップの決断とは、それだけ重いものです。

「悔しいけれど、それならやめます。お疲れさまでした」

すっぱりあきらめた次の朝、会社に行くと、ニックが私を待ち構えていました。

「やろう。世界で初めての〈クルマを売らないショールーム〉をつくろう」

土地の契約も差し迫っていました。ボスの腹が据わったら、最後はもう、本社に乗り込んで直談判し、説き伏せるしかない。私はすぐに本社の役員たちとアポを取り、ドイツに飛びました。

「もう、ここまでできているんだ。やらせてくれ！」

何がなんでも説得するために、手荷物扱いで大事に抱えて機内に持ち込んだのは、犬小屋ほどもあるショールームの模型でした。

無謀といわれたアイデアが世界四〇か所に広がった

「これから私たちは、一八か月の大実験を始めます。メルセデス・ベンツ日本は、世界で初めての〈クルマを売らないショールーム〉をつくります」

二〇一一年七月、記者会見を開いて施設のオープンを宣言したとき、私の胸は大きく高鳴っていました。ドイツ本社の承諾を取りつけてからこの会見に至るまで、もうひとつの大きな「ひと山」を越え、さらにドライブがかかっていたからです。

ドイツ本社の承諾を取りつけた後、私は、オープンに向けて一心不乱に動き始めました。用地は一年半という条件で貸してもらう契約でした。一年半は短いようで、実験期間としてはかなり長い。一八か月の間、経費は確実に出ていきます。

一九八七年に新卒として入社した私は営業の仕事をフルコースで体に叩《たた》き込み、広報、社長室、商用車、人事などを経験。ドイツ本社にも行き、あらゆる仕事をしてきたつもりですが、ショールームはつくったことがありません。販売店のショールームは日本でも世界でもたくさん見てきましたが、なにせいまだかつてない〈クルマを売らないショールーム〉。レストランもカフェも初体験です。未知の仕事が始まりました。

工事開始から間もない二〇一一年三月一一日。不測の事態が生じました。東日本大震災です。コネクションの工事資材の搬送もストップ。私たちよりはるかに知恵と経験がある設計事務所も施工会社さんも「どうやっても無理です」と口を揃《そろ》えました。

「七月にオープンするには、遅くとも六月には工事を完了しなきゃいけないんですよ。三か月を切っているのに資材も届かない状況では、どうにもなりません」

延期しても「やむをえない」と許してもらえるでしょう。天災ならば、誰にでも認められる正当な〝できない理由〟でしょう。

しかし、延期するつもりは一切ありませんでした。ドイツ本社、関係者、マスコミ、販売店、お客さま。**すべての人が許してくれたとしても、妥協するかしないかを最後に決めるのは自分たち。そして妥協するとは、自ら実験にほころびをつくることです。〝できない理由〟がいくらあっても、〝できる方法〟は必ず探し出せるはずだ。**

「二〇一一年七月から二〇一二年一二月まで、土地を貸してもらう契約なんだ。一八か月、一年半の実験というシナリオは崩せない。一七か月でも一六か月でもダメだ」

妥協できないと思っていたのは、私だけではありませんでした。

志願してプロジェクトチームの責任者に就いた技術部出身の社員をはじめとする現場の第一線のメンバーはみな、何がなんでもやってのけると決めていました。本社でのデスクワークとは違う、新しい視点と熱が培われていたのでしょう。その熱は、設計事務所や施工会社の方々にも伝播《でんぱ》していきました。

二〇一一年七月、予定どおり〈メルセデス・ベンツ コネクション〉はオープンしました。**「メルセデスのオーナークラブになっちゃうんじゃないの?」という声をよそに、ポイントカードの会員になってくださった方々のうちオーナーは二割程度。八割は他社のクルマのオーナーや、そもそもクルマを持っていないお客さまでした。**レストランとカフェを中心とし、wi-fi も完備したので、メルセデスにさして興味がないお客さまにも利用していただけるなど、間口がぐっと広がりました。

予想を上回る大評判となったために、スタッフは大変だったと思います。

「うちはコーヒー屋じゃないんだからコーヒーで儲《もう》ける必要はない。だけど赤字を出す必要もないぞ。おいしいものをリーズナブルに、近所のコーヒーショップより早い時間から提供すればいい。ということで、朝七時オープンでよろしく！」

ただでさえ忙しいのに無茶をいってのける、私のような上司がいるのですから。

あらゆる方法でファンをつかみたい。朝の散歩ついでにカフェに立ち寄ってくれれば、やがてメルセデスは、その人のライフスタイルの一部になれるかもしれない。

一杯のコーヒーを売って、お金をいただくことの大変さ。数千万円のクルマを売っていてはわからないことが、カフェで働く一日で理解できたりもします。

発見、出会い、発見の繰り返し。あっという間に一二月になり、「年末年始はクローズします」と担当の社員にいわれたとき、私は異議を唱えました。

「だって上野さん、お正月はバイトの人も地元に帰らせてあげなきゃダメですよ」

「もちろん彼らは帰っていいけど、俺らの地元は東京じゃん。帰んないでしょ」

「えっ？」

「ユー・アンド・ミー！」

二〇一二年元日、私はプロジェクトの責任者と、お正月に出勤してもいいといってくれた数人のスタッフで〈コネクション〉を営業しました。いうだけいって「あとはやっといて」というのは私の好むところではなく、やるなら一緒にやりたいのです。一八四センチの大男にエプロンは似合わなかったかもしれませんが、お客さまには喜んでいただけました。

六本木ヒルズも東京ミッドタウンも、商業エリアやオフィスだけでなく、レジデンスがある。そこに住んでいる人たちが、「初詣のついでに」と足を運んでくれたのです。

立ち寄ってくださったお客さまが、ドアが上に開くスーパースポーツモデル〈SLS AMG〉というモデルを気に入ったというので、さっそく販売店に紹介したところ、一月二日に契約が成立しました。年始早々、なんと縁起がいいことでしょう。

正月のお客さまは家族連れ。決定権をもつのが奥さまでも子どもさんでもご主人でも、全員揃っているから話が早いというのも発見でした。

〈メルセデス・ベンツ コネクション〉ができてから、私たちはおびただしい数のイベントをやり、立て続けに発表会を行いました。これまでは予算の都合もあり、新しい車種が年に五モデル出ても、二車種だけホテルで発表会をし、あとの三車種はプレスリリースですませるという感じでしたが、発表会にぴったりのハコが確保できているのです。使わない手はありません。

「〈メルセデス・ベンツ コネクション〉をとことん使おう」

ブランドとコラボレーションし、ファッションショーやパーティを開催し、「クルマというファッション性の高い商品」にふさわしい出会いの場もつくりました。

あの一八か月は、かかわった全員にとって凄まじくて素晴らしい勉強となりました。

「売らないショールームとかいって、本当は直営の販売店をやろうってことじゃないの？」と反対していた販売店さんたちも、あくまで情報発信をしてお客さまとの出会いの場をつくり、販売店を支援する施設だと理解してくれたのでしょう。「うちの忘年会やイベントをコネクションで」と活用してくれるようになりました。「見せること」の大切さを再確認して、自分のショールームを改装し、展示車種を六、七台から一〇台へ増やす販売店も出てきました。

どんなにいいものも、ひとりよがりでは、つくったところで意味がない。身内も含めてみんなを巻き込み、賛同を得られなければ仕方がありません。その観点からいっても、〈メルセデス・ベンツ コネクション〉は大成功でした。

「日本発信の〝実験〟を見てみたい」と、ドイツ本社から出張に来た人たちは必ず立ち寄ってくれるようになり、中国、韓国、ロシア、アメリカ、さまざまな国から視察目的の来客がありました。同業他社も他業種の方も来てくださったようです。

同様の施設は、ドイツのハンブルクにもオープンしました。〈コネクション〉を前身としたこの施設は、グローバルでは、〈コネクション〉ではなく、ダイムラー社のお客さま向けサービスのブランド名である〈メルセデス・ミー〉という名称で世界四〇か所で展開されることが決まっています。**無謀といわれた日本発のアイデアが、世界に認められ、広がっていったのです。**

「この苦労を経験すれば、あとはたいした苦労じゃない。意外となんでもできるんだ」

〈メルセデス・ベンツ コネクション〉という〝実験〟は、いつしか〝なくてはならないもの〟になりました。しかし土地を借りられる期限は決まっているので、再び用地を探し、移転しなければなりません。

現在の〈メルセデス・ベンツ コネクション〉があるのは、すでに別の用途で使われていた場所でした。

「すみません。ここの土地、使っていらっしゃるのはわかるんですけど、半分あけてもらえませんかね？」

どうしてもその土地につくりたいと思った私は、管理会社を訪ねていってお願いしました。「すでに使っている土地を?」それも「半分だけ?」

相手の方はあきれていましたが、私も自分にあきれていました。

「人間って、物事に夢中で向かっていくと、こんな無茶なこともいっちゃうんだな」

二〇一三年一月、快諾していただけた移転先で〈メルセデス・ベンツ コネクション〉は新装オープンし、これまでのべ一四五万人が来場しました。同年四月にオープンした大阪では、複合施設のテナントということもあり一七〇万人以上が来場（二〇一四年一二月末現在）しています。

〝伝統的な本物〟と〝とびきり新鮮な本物〟の二本立てでいく

異業種にも「ここまでやるか！」といわせたアニメーションCM

本気で大ヒットを目指すなら、サプライズを起こしたい。野球にたとえるなら、フォアボール出塁はありえない。バントは論外、ヒットじゃまだまだ、三振覚悟で大きく振っていくホームラン狙いです。

新型〈Aクラス〉は、グループ全体にとっても日本にとっても、それだけ大きな案件。野球でもギャンブルでもなくビジネスである以上、三振しない方策を練りに練るつもりでしたが、私が温めていたもうひとつの戦略もまた、冒険で挑戦でした。

「日本独自のアニメーションによるコンテンツを製作する。日本の強みを融合させたマーケティングといえば、アニメしかない」

ドイツ本社では新型〈Aクラス〉リリースにあたり、各国からその国の特色を活かしたプロモーションアイデアを募っていました。それを受けて「アニメをつくりましょう」という企画が広告チームから出てきたとき、私も最初は驚きました。

メルセデスのメディアコンテンツとして代表的なものはテレビCMです。ドイツ本社が製作したCMを使うことも多いのですが、ヨーロッパ標準は四五秒。日本標準に合わせて一五秒か三〇秒に編集したら、伝わりにくくなります。ときどき入っているジョークも、文化の違いで意味不明。短くつまんだらもう、理解不能です。

クルマそのものを見せるようなCMならそのまま使えるのですが、独自性のあるマーケティング戦略も必要でしょう。グローバル企業であっても日本市場にアピールするものを製作したいと、私もかねてから考えていました。

いつもじゃなくていい。だが、ときとして速球は必要。そして、新たなお客さまに訴求する今こそ、豪速球が必要なときでした。

〈メルセデス・ベンツ コネクションン〉と異なり、アニメーションという提案は、「面白い！ ぜひやったらいい」と、ドイツ本社にもすんなり承認されました。それだけ日本のアニメーションが世界的に評価されているのだと感じたものです。

それでもやはり「メルセデスがアニメ？ ブランドの価値が損なわれる」という懸念はついてまわりました。揺るぎないメルセデスのブランド、それは絶対の拠《よ》り所でありながら、ときとして大きく立ちはだかる壁に見えます。

しかし、基本に立ち返ったとき、壁というのは錯覚だとわかりました。

「メルセデスは一流のクルマを妥協せずにつくるブランドだ。それにふさわしい本気を示すには、一流のアニメーションを妥協せずにつくればいい」

新型〈Aクラス〉はメルセデスのエンブレムをつけただけの小型車ではない。確固たるメルセデス・ベンツのテクノロジーが搭載された本物のクルマです。若い人にも手が届く新しいクルマでありながら、絶対に変わらないドイツ人の頑固さと哲学がきっちりと詰まったクルマ。断じて鉄とガラスとゴムのかたまりではない。

あらゆることに一二〇パーセントのエネルギーを注ぎ、本物以外は認めないという

メルセデスの哲学を守り抜くために、国内でも指折りの第一人者にアニメーション製作をお願いすると決めました。伝統ある本物に、新鮮な本物で礼を尽くすのです。

日本を代表するアニメーション制作会社「Production I.G」とタッグを組み、キャラクターデザインは「新世紀エヴァンゲリオン」シリーズを手がけた貞本義行さん、演出に西久保瑞穂さん、作画に黄瀬和哉さん、音楽に川井憲次さんといった、そうそうたる顔ぶれが並びました。

「スタイリッシュでダイナミック。アクティブな走りを意識したクルマを描くには、ストーリーが必要だ」と、アニメーションコンテンツ〈NEXT A-Class〉は、六分間の本格的なものになりました。

近未来の東京。利便性や日当たりといった生活の快適性を共有するために、時間帯によって都市構造が組み替えられる〝シティシェアリング〟の街。追いつけた者しか食べられないという、伝説のトラック屋台ラーメン〈流星麺〉を見かけたヒロインは、男子二人が運転する最新型の〈Aクラス〉に飛び乗り、カーチェイスを繰り広げる。猫を横に乗せた謎のオヤジが疾走させる〈流星麺〉の屋台も、もちろんメルセデスのトラックです。

現代の東京で誰もが知るランドマークの三〇年後の姿など細部にまでこだわり、二度、三度と見ないと味わい尽くせないほど完成度の高いアニメーションは、製作期間一年。製作費も思いきってかけています。

広告責任者を先頭に発売日まで充分な話題づくりを目指し、時間軸に沿って周到な準備をしました。新型〈Aクラス〉日本発売の二〇一三年一月一七日に向けて盛り上げるべく、二〇一二年一一月一七日公開の『ヱヴァンゲリヲン新劇場版Q』の「シネアド（映画館のCM）」で初披露。秋葉原や渋谷で号外を撒《ま》き、公式フェイスブックやホームページ、動画サイトで公開。話題を温め、熱気をつくりだす仕掛けをしました。


「この企画を通したベンツ日本の人、偉いっていうかいっちゃってる！」


ネット上に書き込まれたこんなコメントは、私にとって最高の賛辞でした。

若々しく、常に独自性のある取り組みをする会社だと、まだ見ぬお客さまにまで伝わった手応えを感じました。クルマ業界の人がびっくりしただけでなく、アニメ業界の人が驚いてくれたことも「本物ができた！」という証明に思えました。

これからのメルセデス・ベンツのライバルは、国内外の自動車メーカーではなく、スマホかもしれないし音楽かもしれない。それがスタイルを売るということでしょう。

〈NEXT A-Class〉への反応は、自分の考えが裏打ちされたようで、うれしさもひとしおでした。

この本を執筆している二〇一五年三月現在で、YouTube の再生回数は二九五万回。世界一七〇か国で見られています。好評のため、メルセデスのアジア各国の法人にも使われることになりました。

もしも「単にアニメが面白くて見てるだけでしょう」という人がいたら、「そのとおり！　それで充分です」と私は答えます。仮に見てくださった方が二九〇万人いるとして、そのうちの何人が購入してくれたかという、分数の計算ではないのです。すぐに購買に結びつかなくてもいい。目を向けてくれるだけでいい。一瞬で好きになって一瞬で買って、「来年はもう忘れた」という商品を売っているわけではない。**ライフスタイルに寄り添い、一生つきあっていく本物を売るのだから、出会いのその先は、ゆっくりでかまわないのです。**

「アニメだなんてガキ臭い。自分のクルマが安っぽくなりそうだ」と不快に感じるオーナーがいるのでは、というのも杞憂《きゆう》でした。メルセデスのオーナーには懐が深い方が多いのか、「娘が面白いっていってたよ」などと、おおむね好評だったのです。

一般論として感じるのですが、自分が昔から愛用しているブランドが、「先進的で、若者にも人気で、とびきり新鮮だ」と評価されるとき、うれしくない大人はあまりいないのではないでしょうか。

その〝カッコよさ〟は「あの人にちゃんと刺さるもの」か？

「メルセデス・ベンツ日本×任天堂」もトピックスのひとつでしょう。二〇一四年にリリースされた新型〈GLA〉はコンパクトSUV（スポーツ用多目的車）。メルセデスはコンパクトSUV市場において後発であり、やはり従来のオーナーより若い層がターゲットというからには、インパクトが強いアプローチが必要でした。三五〇万円近くする車種である以上、若い層といっても二〇代ではなく三〇代、四〇代となります。

「じゃあ、スーパーマリオはどうでしょう？」

広告チームから任天堂スーパーマリオブラザーズとのコラボを提案されたとき、私は「それは面白い！」と即決しました。ゲームはアニメーションと並ぶ〝クールジャパン〟の象徴ですし、〈マリオカート8〉がリリースされる絶好のタイミングなので、話題になることは確実だと思いました。

コンテンツは最新のマリオではなく、初期の8ビットのマリオでなければなりません。三〇代、四〇代の人たちが子どものころに遊んだ独特のリズムのマリオ、これでなければ彼らに刺さりません。

メディア戦略に加わってくれるのは、一流のクリエイターのみなさんです。彼らの感性は素晴らしい、でも「いいものをつくってください！」と丸投げすることはありません。**感性でいえば、私は超一流のクリエイティブディレクターにはかないませんが、お客さまのことはよく知っている。いくらカッコよくても届かない、刺さらないものはつくらないと決めています。**センスがある通の人だけで「いいねえ」と満足しているなど、費用対効果があまりに低いメディア戦略だと思うからです。

二〇一四年五月二九日に〈メルセデス・ベンツ コネクション〉で記者発表会をし、CM「GO! GLA」がオンエアーされました。ゲーム画面を〈GLA〉に乗ったマリオが駆け回り、ブロックを崩したり、ジャンプしたり。最後は実写版になり、「リアルマリオ」が登場するという内容でした。

YouTubeでは公開から四か月足らずで再生回数がおよそ四五〇万。二一〇の国と地域で見られました。新鮮なコラボにドイツ本社も驚いたようで、日本の広報チームだけでなく本社からもリリースやSNSでの情報発信がありました。

「マリオのクルマをください!」

そういってショールームを訪れるお客さまが何人もいると聞いた瞬間、「成果は出た」と感じました。

二〇一二年に「あのベンツがドリフトしている!」と〝らしくなさ〟が話題を呼んだ〈Cクラス〉のCMですが、二〇一四年に新型Cクラスを発表し、そのCMにACミランの本田圭佑選手が登場しました。ブランドアンバサダーとなった本田選手が新型Cクラスと対峙する姿と、「メルセデスの本気。」のコピーが注目されました。

それまで、メルセデス・ベンツ日本が製作したＣＭに、ブランドアンバサダーとしてタレントや俳優といった一個人を起用することはなかったので、これもひとつのチャレンジでした。本田選手に出演していただいた理由はいくつかありますが、ひとつは移籍が決まり、世界で名立たるチームの〝一〇番を背負う男〟となったタイミングだったということ。もうひとつにはお会いして腹を割って話して知った彼の天性のリーダーシップと、物事を前向きかつ慎重に考える人となりに共感したことがあります。話すうちに、彼はメルセデス・ベンツの哲学〝The best or nothing（最善か無か）〟を地でいく人だということがわかりました。

二〇一五年になると新型〈Ｂクラス〉のＣＭに、ヒップホップアーティストのRIP SLYMEが登場し、LINEスタンプ〈DRIVE Safely〉も期間限定で配信しました。

これまでメディアへの露出といえばテレビＣＭと新聞が中心でしたが、今後はウェブ系に力を入れていくのが自然な流れでしょう。Yahoo! のバナーも積極的に利用していますし、フェイスブック、Mercedes-Benz LIVE! などウェブサイトも充実させています。

社内でも、さまざまな提案が自発的に出てくるようになり、あらゆるところでお客さまとの接点を探ろうとする姿勢がみられるようになりました。横綱相撲《ずもう》を卒業して、もっと前のめりに自分から踏み出していこう。数々の取り組みを通して、社内はそんな空気に包まれています。

「メディア戦略、大成功ですね」

このようにいっていただくこともあります。たしかに手応えはありましたし、メディア戦略は重要。しかし、万能ではありません。

コンテンツを手がけてくださるクリエイターのみなさんの感性と、私たちの現場の感覚。日本人であることと、外国のプロダクトを扱っていること。すべてを融合させてはじめて、パフォーマンスが上がると考えています。

私たちがこの数年で学んだのは、メディア戦略でなく、さまざまな立場のお客さまと触れ合うことで、多角的な視点をもつことの大切さだった気がしています。

これだけ多様化している世界で、〝すべてを包括したメルセデス像〟は存在しない。

〈Sクラス〉を検討している人に「マリオっていいでしょう」といっても仕方がないし、マリオ世代に「どうですか、ちょっと背伸びして一〇〇〇万円の〈Sクラス〉

は？」といっても無茶な話です。**それぞれにふさわしいアプローチを、きめ細かに重ねていく。**接客もメディア戦略も、相手に届けるために毎回カスタマイズすべきものなのです。

生き残る道は常に先手を打ち続けること

翌朝起きればゼロリセット、実績は常に上書きされる

新しい戦略の成果は、数字として表れました。

二〇一二年、メルセデス・ベンツの新規登録台数は、前年比二六・二パーセント増の四万一九〇一台。輸入高級車部門で首位を獲得しました。

翌二〇一三年の登録台数は、前年比の二八・二パーセント増の五万三七二〇台。そして二〇一四年の登録台数は、前年比一三・二パーセント増の六万八三四台。「六万台なんてありえない、不可能だ」といわれながら、連続で過去最高記録を更新し、二年連続で国内プレミアムブランドナンバーワンとなりました。

二〇一二年一二月に社長に就任した私の耳には、さまざまな声が入ってきます。過分なおほめの言葉もあれば、「調子に乗っている」「上野は販売台数至上主義だ」「メディア志向が強すぎだ」に始まって、相当に辛辣な批判もあります。

社内外の人々の声、マスコミや業界関係者の声、ツイッターやネット掲示板を見ることもありますが、率直なところ、ほめ言葉も批判もあまり気になりません。

私はあまり記憶力がよくないのか、実績はいつも上書き。一年間頑張って、六万台売れたのは心底うれしいけれど、次の一年が始まればゼロにリセットされる。さもなければ、メモリがいっぱいになってしまいます。

これは月々の目標販売台数をにらみ続けてきた営業時代の名残《なごり》でしょう。

当時の私にとって、至福のひとときはその月末日の夜から翌朝目が覚めるまで。た

とえば一月であれば、三一日の夜から二月一日の朝目覚めるまでが最高の時でした。

集計を締め切った三一日の夜になれば、逆立ちしたって今月分はもう売れない。やるべきことをやって、あとは結果を待つだけだから、解放感いっぱいで、酔っぱらうまでお酒を呑《の》んでもいい。

しかし、翌朝目が覚めれば、二月という新しい一か月の始まり。たとえ一月に素晴らしい数字が出て目標を達成しても、それは過去の話で、今日はもう関係ない。「今月の最初の一台」から、こつこつ売っていくしかないのです。

これと同じで「今年頑張ったんだから、来年はきつくない」という話はありえないこと。何が起こるかわからない、予測はできず保証はない時代です。景気や天候に右往左往し、世界情勢に翻弄され、消費税の導入時期ひとつで綿密に練ったシナリオが一瞬で崩れることもあります。輸入車に対するエコカー減税など、税制がどう変わるかで計画はがらりと変わるなど、不確定要素だらけの世界です。

そこで生き残る道は唯一、自分たちが変数として動いていくのみ。

常に先を読み、次の一手を考え続けることだけです。

CHAPTER-2

Chapter-2

グローバルで
ドメスティック

メルセデスな流儀

制約があっても、
その状況下でできることは
必ず探せる。

Mercedes Way

「メルセデスな人」のつくり方

メルセデスは「成功した人の乗るクルマ」ではない

潔くて言い訳をしない。多少キツいことがあっても絶対に切り抜ける。スーツが似合う。長年愛用の、相棒のような時計をしている――。

私が子どものころには、なりたいと憧れる〝カッコいい大人像〟がありました。そのイメージのなかにはクルマも登場しており、「大きくなったら免許を取って、ドライブするぞ」と考えたものです。「ポルシェに乗りたい！」という子も「フェアレディ！」という子もいましたが、「メルセデス・ベンツに乗りたい」という子は私を含めていなかった。あまりにも大人のクルマだと思っていたためでしょう。

そんな私も五〇歳になり、どう考えても大人です。学生時代の友人と呑《の》みに行って、べつに営業ではありませんが、「そろそろメルセデスに乗ってみない？」というと、こんな答えが返ってきます。

「いや、俺が乗るなんてまだ早い。役員だって乗ってないのに」

「だっておまえ、仕事頑張ってるし、今のクルマも値段は変わらないじゃないか」

「いやあ、まわりの目もあるしさ。『稼いでます』って感じでイヤミじゃない？」

私は、ここを変えたいのです。

メルセデスは、お金持ちのクルマではない。成功者のクルマでもない。

メルセデスは、日々進化しようとし、自分の理想を追い続ける人が乗るクルマ。成功した人が乗るクルマではなく、成功するために乗るクルマ。

メルセデスというカッコいい〝かたち〟から入って、カッコいいドライブをしながら、自分なりのカッコいい人生をつくりあげていく。そんな提案をしたい。

かたちは適当なままで、カッコいい人生や成功を目指すより、まずはかたちを最高に整えたほうが、うまくいく確率は上がるのではないでしょうか。

私たちはそうやって日々、〝メルセデスな人〟をつくろうとしています。私たちが考える〝メルセデスな人〟というのは、カッコいい人です。

カッコいい人の定義はいろいろありますが、私が思うに、自分と愛する人を尊重している人は、文句なしにカッコいい。クルマという命を預けるものに、最高級のアイテムを選ぶのは、自分と愛する人を大切にしているひとつの表れです。

「カッコなんてどうでもいい」という人もいるかもしれませんが、どうせ一度の人生なら、カッコは悪いよりいいほうがいい。〝カッコいい〟という言葉も〝カッコ悪い〟という言葉もありますが、〝カッコふつう〟という言葉はないのですから。

クルマなんていらない、徒歩、自転車、電車やバスで充分という人が増えているのも承知していますが、人の役に立つ選択肢がたくさんあるのがいい社会であるし、クルマはそのひとつではないでしょうか。

「上野さんはカッコいい大人ですか？」と聞かれたら、残念ながらまだまだ。まずはかたちから入り、変わっていけばいいと思っています。

私はゴルフでもトライアスロンでも、かたちから入るタイプ。

「試しにやるだけなんだから、適当な服と道具でいいじゃない」といわれても、一通りきっちり用意しないと気がすまない。道具も自分のできる範囲で最高のものを準備して、姿かたちを整えて望んだほうが、たとえお試しだとしてもうまくいくし、「これをきっかけに体を鍛え直そう！」と、本気になれると思うのです。

何も知らない若造が、〝カッコいい会社〟に飛び込んだ──私は意識しないままにかたちから入り、変わっていった気がしていますし、社員にもそうあってほしい。会社の内側にも外側にも、〝メルセデスな人〟が増えるといいなと思っています。

クルマと出会い、フラットな大人たちに学ぶ

外資系企業で働くとは、多かれ少なかれ異質の文化の狭間で自分のやり方を見つけていく試行錯誤です。私にしてもそれは同じで、入社からの四半世紀は、〝メルセデスな流儀〟を学んでいくプロセスでもありました。

一九八六年、自動車が誕生して一〇〇年目に、ダイムラー社の日本法人としてメル

セデス・ベンツ日本は誕生しました。**私の入社は翌一九八七年。新卒一期生で同期は私を含めて三人でした。**従業員数三〇人ほどの小さな会社で、ほとんどはそれまでの輸入元であったヤナセや銀行からの出向。社長以下マネジメントは、ドイツ本社からやってきた外国人が行っていました。

大学四年の夏、ぼんやりしていて就活に出遅れた私は、「ふうん、メルセデスが日本にできたのか」といきなり受付に行ってみました。すぐに人事部長が出てきて、翌日には役員と面接していたのですから、制度がまだ整っていない状態。伝統と試行錯誤にもまれて社風が出来上がっていくプロセスに最初からかかわっている以上、ビジネスパーソンとしての私は、この会社の影響を多分に受けているでしょう。

自動車メーカーはほかにもある。なぜメルセデスだったのかといえば、ヨーロッパで伝統を誇りながら日本ではできたて、という極端さが性に合っていたのかもしれません。

もっと遡れば**「子ども時代からクルマに縁があった」**という理由もあります。

一九七〇年代、恵比寿にあるプラモデルの店。二階では毎週、精密なミニカーを走らせるスロットカーのレースが行われ、マニアックな大人たちが集まっていました。

大学生もいれば、三〇代、四〇代も珍しくない。普通のサラリーマン、元レーシングドライバー、自動車会社の人や自動車業界専門のジャーナリスト。友だちに誘われて出入りしていた小学生の私は、やがてレースに夢中になりました。スロットカーは体力でハンデがつかないので反射神経勝負。大人も子どもも関係ないのです。都内のあちこちのレースに出かけていくうちに優勝し、ごほうびにレーシングカートに乗せてもらえたのが人生最初の〝運転〟でした。

クルマ好きの大人たちとのつきあいは、その後も続きました。

「金ちゃん、こんど鈴鹿の八時間耐久レースの通訳をやってくれよ」

高校生になるとアルバイトの声がかかるようになったのは、英語がしゃべれたから。父の意向で小学校からインターナショナルスクールに通っていた私は、英会話に不自由はありませんでした。

やがてカメラマンと知り合い、免許を取ってからはアシスタント兼ドライバーのアルバイトに明け暮れました。大学四年のときにはイギリスの〈ＲＡＣラリー〉に通訳兼マネージャー兼パシリで雇われて、「役立たず！　ボケ！」と怒鳴られまくりながらも充実したアルバイトを経験し、いつのまにか、クルマの世界にどっぷり浸かっていました。

そのころに出会った大人たちは、日本人も外国人も仕事となれば厳しかったけれど、「おまえは年下のガキだから、黙っていうことを聞け」と押さえつけることはありませんでした。大げさにいうと、人間対人間のフラットな関係。だから今でもつきあっていられるのだと思います。

モータージャーナリストという選択肢もあったのかもしれませんが、〝クルマ業界〟のなかでもいちばん堅いメーカーに就職しただけあって、私は仕事では一線をきっちり引きたいタイプ。しかしプライベートではフランクな関係が好みで、それは昔出会った大人たちの影響もあるでしょう。たとえば、大学時代に縁があったモータージャーナリストと〈カー・オブ・ザ・イヤー〉の選考会で再会したときも、オフィシャルな場ではあくまでもジャーナリストとメルセデス・ベンツ日本の社長のつきあい。しかしプライベートで食事をしたときは、大学生と兄貴分の関係に戻ります。

「金ちゃん、社長の肩書きがついてる名刺、まだもらってないよ!」

上野金太郎という父がつけた「ザ・日本人」な名前は、昭和に活躍したプロレスラーと間違われることもありますが、覚えやすく親しみやすいのでしょうか。営業時代の取引先から初めてお目にかかる政治家まで「忘れないな、あなたの名前は」「ベンツの金太郎さんですね」といっていただきます。これまで出会った多くの人とご縁が続いているのは、名前のおかげでもあるのかもしれません。

日本的「仕事の背骨づくり」と、ダイムラー「一生に二度は会う」の教え

配属されたのは営業部。現在は百数十人の部門ですが、当時はわずか五人でした。業務内容はクルマの輸入から販売ルートに載せるまでのフルコースです。朝起きるとツナギを着て自宅から港へ直行し、船から荷下ろしされるクルマを一台ずつ検品。一日一回は新車整備工場に寄り、一日二回は販売店に出向き、週に一度は輸入通関へ足を運ぶ。

ＩＴシステムとアウトソーシングのおかげで効率化される二五年も前の話ですから、出金伝票からして手書き。税金の計算まで電卓を片手にカタカタ弾きます。手順を教わるというより、やってみて体に叩《たた》き込んでいくという毎日でした。

何かしら仕事が発生すれば、とりあえずすべて私の仕事。新卒でいちばん年下なら当然です。今では考えられない人使いの荒さで、残業一〇〇時間なんて当たり前。上司が海外出張に行くときには、土日であっても空港までクルマで送るのが普通でした。**「冗談じゃねえよ」と思いつつ、「先輩もやってきたんだから仕方ないな」とこなしていましたが、これが非常によかった。〝仕事の背骨〟をつくってもらいました。**

上司はヤナセから出向していた、古くからの日本企業の伝統が染み込んでいる人でした。きちんと順序を追って物事を押し進める会社から来ただけあって、社員教育という制度がないなか、親身になって指導してくれたのです。

「新卒一期生を預けられたからには、自分たちには教育していく責任がある」

マニュアルもない、今ほどビジネスハウツー本もあふれていない、それでも自分の経験則と責任感から、「それはだめだ」「こうしたほうがいい」とアドバイスをする。これは永遠に古びない、日本企業の素晴らしい伝統だと思います。

ダイムラー社には、「一生に二度は会う」という言葉があります。

関連会社を含めて部門間の異動が頻繁にあり、どこかで一緒だった人には必ずまた別の部署で一緒になるという、人の縁の大切さを説く言葉です。人との縁がなければ今の自分はないと思っていますし、私たちは機械ではありません。仕事をする相手も人なら、クルマを売る相手も人。何事も人間と人間が織りなすことです。

私はひとたびご縁があった人とは、よほどの理由がない限り、自分から疎遠になりません。逃げていく人を追うこともしないかわりに、できた縁は大切にしたい。新たな出会いがあるゆえに、部門異動システムはよいものだと考えています。

二年間営業にいたあと、広報部に異動となったのですが、そこでの上司も、忘れがたい人でした。

やはりヤナセから来た人で、英語が非常に堪能。営業時代の上司は日本生まれの日本育ちながら『時事英語』を手放さない努力の英語でしたが、広報時代の上司は海外生まれの日本人でネイティブに近い英語。やや気難しく、厳しい人でした。

ゼロから立ち上げた広報ゆえに全員が手探り。私は学生時代の経験からクルマ業界のマスコミ関係者について知っているつもりでしたが、しょせん二四、五歳の子どもです。アルバイトでわかっていたことと、企業人として必要なスキルは違います。

〝大人の英語〟についても、広報時代の上司にずいぶん勉強させてもらいました。

父の意向で小学校からインターナショナルスクールに放り込まれた八年後。日本でいう中学二年になったときに、「金ちゃん、インターを卒業しても日本で義務教育を受けたことにならないんじゃない？　外国人になりたいなら別だけど、日本に住むなら日本の学校に行くのがいいんじゃない？」とまわりの大人たちに聞いた私は、日本の公立中学に転校しようと勝手に決めてしまいました。

反対した父は「それなら高校は早稲田か慶應のどっちかにしろ」と無茶な条件を突きつけてきましたが、英語のおかげで運よく早稲田実業に入ることができました。

そこはインターとは一八〇度違うドメスティックな世界。今は変わっていると思いますが、当時は昭和の一般的な男子校であり、Tシャツとジーパンが普通のインターとは風土もカリキュラムもまるで違いました。

その高校で習った英語と、大学時代にアルバイトで使った英語を、一四歳までインターナショナルスクールで過ごした英語に積み上げても、〝大人の英語〟にはならないのです。

「帰国子女は英語ができるからグローバル時代の即戦力だ」といわれますが、いささか乱暴な話です。英語はあくまでツールであり、ツールの使い方は子どもと大人とでは違う。プライベートとビジネスでも異なります。

「それは、ビジネスランゲージとはいえない。この表現のほうがふさわしい」

私が操っていた「使える、しゃべれる、不自由しない」というだけの子どもの英語を、広報の上司は〝てにをは〟から改めてトレーニングしてくれました。忙しいなか、折にふれて指導するのですから、面倒なこともあったでしょう。骨惜しみせずに教えてくださったことに感謝しています。

こんなふうに書くと私も〝礼儀正しい真面目な部下〟のようですが、実態は殊勝なタイプというより、わりと生意気。「いつもやられているから、何か御返杯しなくては」とあるとき勝負を申し出ました。

「部長、二人でＴＯＥＩＣを受けましょう。僕が勝ったら英語指導は卒業で！」

なかば冗談だったのに、本当に負けず嫌いの上司で、試合決行となりました。隣同士で受験しましたが、マークシート方式なので若い私が有利です。慣れない手つきで黒く塗りつぶしたり、欄を間違えてパニックになりながら消しゴムを握りしめたりしている上司を横目に、まんまと勝ってしまいました。

「あれっ？　へんだなー。僕のほうが英語、できるんですかね～」などと私が軽口をいうと怒っていましたが、「この人はすごいなあ」と腹の底から思ったのは、その後、私の点数を抜くまで彼がＴＯＥＩＣ試験を受けたと聞いたとき。

定年後も目をかけてくださり、亡くなる前まで新車発表会には足を運んでくださいました。「今日はあそこがよくなかった」「去年よりだいぶよくなったな」などと、いつもコメントを添えて。

グローバルに働くために必要な資質とは何か？

打ち負かすのではなく、受け止める

上司に〝試合〟を挑むくらいですから、私ははっきりものをいう人間です。インターナショナルスクール育ちだから、外資系企業で働いているから、理由はいろいろあるでしょうが、おそらくは生まれつきなのでしょう。

いろいろな国の人を見ていると、日本人を含めてアジア人は陰口が多いと感じます。人事制度でも福利厚生でも、会社のいい部分は「まあ、ちゃんとしているよね」とさらっというだけなのに、悪いところはここぞとばかりに徹底的に非難する。自分の会社に対するロイヤルティーは決して低くないのに、陰では「うちの会社はここがダメだ」と徹底攻撃。これはどうもいただけません。

会議が終わると、ミーティングルームのドアを出たとたん、「不毛な会議だったねえ」という非難と、「だいたい役員の姿勢からしてなっていないんだよ、この景気では……」というコメンテーターみたいな解説が始まります。

「なんだよ、会議では黙ってたくせに。さっきいえばよかったじゃん」

若手のころの私は同僚によくこういっていましたが、答えは常に同じ。「いやあ、あの場じゃいえないよ」です。しかし、会議とはみんなが意見をいう場。その場でいわずにいったいどこでいうというのでしょう?

何かにつけて「欧米人はすごい」というつもりは毛頭ないのですが、彼らにはこういう二面性は少ない。いいたいことは憚《はばか》らずその場でいい、引きずることはありません。いいところは大いにほめ、おかしなことは会議という発言の場でいう。こうした当たり前のルールを守る素直さが、グローバル企業で働くための資質のひとつだと思います。

二〇代のころ、素直さという資質の重要性を学んだ経験がありました。研修制度の一貫で、全社員が『7つの習慣』のセミナーを受けたときのことです。

そこでひとつ非常に印象的だったことがありました。ある社員が、「そんな話、ありえないでしょう。ここが矛盾している」と講師にくってかかったのです。すると外国人講師は流暢《りゅうちょう》な日本語で、おだやかにこう答えました。

「いくら非難されても私はかまいません。でも、たとえ論破できても、あなたの勝利にはなりませんよ。これを学ぶという気持ちのほうが大事です。せっかく会社がお金を払ってくれているんです。**私を打ち負かして勝ち誇るより、私が教えることを素直に受け止めたほうが、結局あなたの得になるんじゃないですか？**」

私も、「そう都合よく、なんとかの法則に当てはまるかな？」と斜めに構えてセミナーを聞いていたのですが、講師の言葉を聞いて「なるほど」と思いました。

いいたいことをいうことは大切です。しかし、素直に受け止めて、それを自分の糧とすることも大切です。当たり前のことを当たり前にきちんとするのが、会社のルールなのかもしれません。

素手ではボルトは締まらない

メルセデス・ベンツ日本は外資系だけに、外国人も帰国子女もいるし、父親か母親が外国人という社員もいます。一方、日本育ちの日本人もいます。

バックグラウンドが異なるメンバーが一緒に働くうえで共通語は必要ですし、ドイツの会社で、ドイツ語ネイティブ、フランス語ネイティブ、中国語ネイティブと話すには、共通語がなければどうにもなりません。小さい国土と限られた資源や労働力の日本は、ますます世界とかかわっていくビジネスが増えていくでしょう。特に外資系で結果を出したいなら、いい悪いでなく、英語は必要なツールです。

「英語ができればいいというのは間違い。日本語ができればいいというのも間違い」

私はそう考えています。たとえていうなら、「スパナがあればボルトが締められる」というわけでもなく、手が必要。でも、「手があるから素手でボルトを締めよう」というのは無理がある。そんな話です。

課長職への昇進試験は、私が社長に就任してから変えたことのひとつで、それまで五項目中一項目だった英語のテストを、二項目に増やしました。

人事部長はドイツ人で、「それって重要？」といっていましたが、英語は昇進試験のためのものではない。実際にそのポストに就いたときに必要なツールです。試験をぎりぎりでクリアできるレベルの英語では、実践となったとき困るのは自分なのです。

「上野さんは英語ができるから、英語が苦手な人の気持ちがわからない」と思われるかもしれませんが、語学の苦労もしています。

ダイムラー社は一九九八年にアメリカのクライスラー社と合併しましたが、二〇〇七年にはクライスラー部門売却によって関係を解消。アジア、アメリカに法人をもつグローバル企業とはいえ、企業としての〝母国語〟はドイツ語なのです。

ドイツ語で展開される会議で、思うように意見がいえない悔しさ。

「おまえは意見がないのか」とドイツ語で聞かれて、「意見はあるけど、ドイツ語で表現できないんだよ！」というもどかしさ。今では本社とのやりとりは英語会議が主流ですし、ドイツ語もなんとか使っていますが、当時は「英語か日本語でならもっと発言できるのに」という気持ちをさんざん味わったので、言葉の壁のフラストレーションはよくわかります。

「じゃ、日本語で話します」と勝手に切り替えて話す勇気があればよかったのかもしれませんが、ドラマならいざ知らず、実際にそれをやっても「一同ポカーン」で終わりでしょう。やはり、発言の機会を逃さず、ちゃんと表現することによって自分を認めてもらうには、多少の投資をして、勉強するしかありません。たかが語学で不快な思いをする必要はないと思うのです。

相手の期待から義務を割り出せる人は成長する

私がドイツ語を勉強したのは、広報にいた二〇代。「ドイツ本社に研修に行ってこい」と声がかかりました。「待ってました!」ではなく「気が進まない」というのが本音でした。当時は仕事が面白くなってきていて、英語ができたのでドイツ語の勉強はまるで手をつけていない。社内公用語も書類もすべてドイツ語というダイムラー本社で働くのはプレッシャーでした。とはいえ断るほどの理由はなく、盛大な壮行会まで開いてもらい、もうあとには引けません。

日本を出て、送り込まれたのはドイツ語学校。ライン川下りの観光で知られるボッパルトという小さな村に着いたのは一二月で、昼が短く朝も暗いヨーロッパの冬でした。シーズンオフの閑散とした観光地。どんよりした空の下、ベッドと机だけの個室に、垢《あか》が浮いていてすぐ詰まる共同シャワーと共同トイレ。なんともわびしい寮生活です。

朝六時に起きて、まだ暗い坂道を歩いて語学学校に行くと、待っているのはコーンフレークとゆで卵という、いつも同じ冷たい朝食。八時から授業が始まります。一五人ほどのクラスには日本人もいましたが、ほとんど学生で二九歳の私は最年長。授業中は英語で質問してもドイツ語でしか答えてもらえません。

あのころ思い出していたのは、六歳のときの自分でした。いきなりインターナショナルスクールに放り込まれたものの、アルファベットすら読めず、壁に貼ってあるABCが模様にしか見えなかった私は、谷底に突き落とされた獅子《しし》の子というより、ちっぽけな子ネズミ。独立心よりも孤立感がついてまわりました。

もまれてたくましくなったのか、高校二年生から、私は一人暮らしをしていました。アルバイトでそこそこ稼げていたために、大胆にも「一人で住む」と宣言し、「大家さんの二階、風呂なし、和式トイレつき」という部屋で暮らし始めたのです。授業料は払ってもらっていたし、若干の援助はありましたが、親から離れて自分で稼いで暮らす手応えは最高でした。

モーターショーなどでの通訳のバイトは割がいいけれど、定期的ではありません。基本のバイトはガソリンスタンドとビル清掃。二〇リットル以上入れてくださったお客さまには、真冬だろうと笑顔で洗車。朝晩、無言でこつこつする掃除。振込明細を見ると、「すごいな、俺。こんなに働いたんだ」と、一人酔いしれました。

こんなふうに人より早く一七歳で家を出て、自立していたはずなのに、ドイツに来て生まれて初めて両親に手紙を書きました。携帯もメールもLINEもない当時、ほとんど三〇男とはいえ、音信不通はまずいと思ったのでしょうか。テレフォンカードを大量に買って友だちに電話をしまくったり、今思えば一種のホームシックだったのかもしれません。

なんとか踏ん張れたのは、同じように苦労している仲間がまわりにいたことがひとつめの理由。インターナショナルスクールでの私は〝孤独な子ネズミ〟でしたが、ドイツの語学学校には、人種は違えど同じレベルでドイツ語を学ぶ人たちがいました。アメリカ人、パレスチナのガザ地区の人、韓国大手企業の社員など、入社後に海外で語学を学んだり研修をする仕組みがある会社から派遣されたクラスメイトもいました。

踏ん張れたもうひとつの理由は、「お金をもらっている」ということ。学校はお金を払って行くところですが、今の自分は会社に給料をもらい、ドイツで学ばせてもらっている。額が多かろうと少なかろうと、お金をもらう以上、その対価として自分の義務をきっちり果たさなければいけない、そう感じていました。

仕事が厳しいとき、「こんな安い給料じゃやっていられない」と口にする人がいますが、自分が「安い」といいきれるほどの仕事をしていると胸を張れる人はそう多くないでしょう。少なくとも、ドイツにいたころの私は「給料分、ちゃんと働かないとな！」と自分に発破をかけねばならないレベルでした。

お金をもらったぶん、働かねばならない。義務を果たさなければ物事は前に進まないし、相手と対等に話せない。すんなりこう考えられるようになったのは、日本企業のレトロなやり方のおかげです。

新人時代にきっちり決まっていた〝やるべきこと〟をひとつでもサボると、先に進めない。港へ行って通関手続きをし、台帳に記入してという一連の作業を私が止めたら、あとがつかえて、次の船で来たクルマが立ち往生してしまいます。

ただし、義務さえ終わらせれば、新しいことをやらせてもらえます。販売店の見学、輸入車ショーのための国内各地への出張といった、若い社員が楽しいと感じる仕事は、ベーシックを終えたら進める次のステップでした。

遊ぶ暇もなく残業し、終われば上司たちに呑みに連れていかれ、「上野はいい経験してるなあ、将来役に立つぞ」といわれましたが、今思えば「こき使ってすまないな」というねぎらいだったのかもしれません。古いやり方であることは確かです。

しかし、義務をスキップしては学べることも学べず、ベーシックがわからない。最初から権利の主張をしていたら最終的に自分が損をするというのは、昔も今も変わらないでしょう。

「上野さんとは時代が違う。うちの上司は、やるべきこととか、義務とか強要しない」という場合でも、**相手の期待から義務を割り出す**といいと私は思います。

「この人は自分に何を期待してるのか？　何を期待されて自分はここに来ているのか？　もらっているお金に見合うだけの〝やるべきこと〟とはなんだろう？」と。

期待されているということは、それだけ求められている「無言の義務」もあるということなのです。

「この状況での最善」をいかに探せるか

窮地に立つと、人は必ず道を見つける

「ここに行きたい」「これは何？」「靴下はどこに売っている？」

二か月もすると少しずつ話せるようになってきて、のんびりした村のお年寄りや商

店街の人を相手に、片言のドイツ語を使ってみるようになりました。ドイツ料理に参っていたときに中華料理屋を見つけて驚喜したのですが、なんとラーメンがない。

「スパゲッティの麺でいいからスープヌードルをつくってくれ！」

「なんでもかんでも甘い中華だなあ。スーパーでショウガを買ってきたから、豚のショウガ焼きつくってもらえない？」

相手の中国人は英語ができず、お互いドイツ語もあやしかったのですが、日本食に飢えているから、もう必死です。

ドイツでは〝この状況での最善〟を探すことの連続でした。

滞在中に運転免許証が切れてしまったなら、日本に手続きに帰るより、わけがわからなくてもドイツの免許証に切り替えるのが〝この状況での最善〟です。研修中とはいえクルマであちこち出かけていたし、クルマ屋が免許証なしでは困ります。

ところがミュンヘンの領事館に行くと「そう簡単に発行できません。時間がかかります」とけんもほろろ。「あなたたちはなんのために事務所を開いているんですか。困っている日本人を助けるためでしょう！」となかばキレ気味に交渉して、すぐさま対処してもらいました。

その後、フライブルクという学生街の語学学校でさらに二か月過ごし、シュツットガルトに移って本社勤務に入りましたが、トルコ人のクリーニング屋にワイシャツをまとめて出して安くしてもらったり、暮らしのなかでの〝交渉続き〟は同じでした。

食べものの話ばかりで恐縮ですが、「寮から出て自炊ができる！」となったのに、ドイツの肉はすべて巨大なかたまり。ジャーッと炒《いた》める薄い肉がないのです。

「おばちゃん、そこのハムのカッターみたいなやつでデカい肉を薄く切ってくれよ」

これほど流暢《りゅうちょう》ではなく、単語をつないだドイツ語でなんとか交渉すると、肉屋のおばさんは「ヤー！」と気持ちよくスライスしてくれて、「我慢しなくてよかった」とうれしくなったりしました。伝わらないかもしれないけれど、頑張ってとにかくいってみるということを覚えたのかもしれません。


本当に窮地に立たされると、人はなんとか方策を見つけようとする。制約があっても、その状況下でできることは必ず探せる。これはドイツで学んだことですが、父から学んだことの復習でもありました。

私の父は破天荒で、いささか風変わりな男です。一人息子にはあまり口を出さず、自由奔放に育ててくれましたが、突然、準備ゼロでインターナショナルスクールに放り込んだり、たまに会うと無理難題を吹っかけてくる人でした。

外資系企業を経て会社を興した父は、船舶関係の人材派遣業をしていました。船といえばギリシャで、扱う人材は世界各国の船員たち。海外出張が多くてあまり顔を合わせなかったのですが、小学生のころから私を海外に連れ出すことがありました。

「夏休みにパパがアメリカに連れていってくれる」という優雅な物語ではありません。「海外の取引先の支払いが遅れているから取り立てに行く」という厄介な交渉の席にも平然と同席させられるのですから。襟付きのシャツを着せられた私は、子どもなりに気を遣い、神妙な顔をして座っているしかありません。さらに二人の時間は、父の使い走りをさせられます。

「さーて、今日はこのあたりで泊まるか。予約してないけど大丈夫だろ。おまえ、ちょっとフロントに行ってなんとかしてこい」

英語はできましたが、日本語ができる小学生が日本のホテルに行き、いきなり部屋を取れといわれても戸惑うのと同じこと。さらに父は、アメリカばかりかヨーロッパに行っても同じことを命じました。英語があまり通じない国もあり、私はさらに慌てるのですが、父のセリフはいつも決まっていました。

「怖いことはないだろう。なんとかすればできるだろう」

この父のおかげで、私は常にいろいろな制約に応じて状況を把握しなければなりませんでした。把握したら、「今この状況下で何ができるのか」を考え、行動せざるをえなかった。できるまで、父は納得しないのですから。

その結果として、「本当に困れば乗り越えられる」「努力すればなんとかなる」という奇妙な自信が蓄えられたともいえます。

〝お客さん〟でいたら絶対に学べない

グループ会社の人間が別のグループ会社に行くというシステムは多くの企業にあります。研修やエクスチェンジ制度などで短期的に会社に来た外国人は、基本的に〝お客さん〟です。

ドイツの本社勤務は始まったものの、私もまた〝お客さん〟でした。基本的にやることがない。特に課題もなく「とりあえず本社を見てこい」と派遣された若手は、どこも似たようなものではないでしょうか。

日本で広報にいたので本社広報に引き受けてもらいましたが、「すごい、二〇人ぐらいで全世界に向けてのインターナショナルプレスを全部やるんだ。日本とは規模が違う！」と感心していたのは最初だけ。

社内の朝礼ではドイツ語のスピーチをさせられたりしましたが、オフィシャルな発表会で話せるほど流暢ではない。せいぜい試乗会のとき、社内の開発部や車両部の人に「今日は何時からこの段取りです」と伝えられる語学力。しゃべりがこの程度ですから、文書作成も無理があります。会議に出てもドイツ語で、だんだん聞き取れるようになってきても充分とはいいがたく、一年がとても長く感じられました。

結局、本社で私がしていたのは英語でできる仕事。各国のジャーナリストの案内係でした。新車が出ると取材が入るので、日本はもちろん、イタリア、フランス、中国、アメリカから来たプレスの対応をします。やることといえば空港の送迎バスの手配から食事まで、さながら添乗員です。

「このままおとなしくいい子でいたら、お客さんで終わってしまう」

勇気を出し、私は社内のめぼしい人に相談をしました。

「せっかくだから、マーケティング部門やディーラー部門も見てみたら？　販売店にも行くといい」とアドバイスをもらい、自分なりに考えました。そのうえで「いろいろな部署に二週間ずつ行く」というプランを広報の上司に提出。幸い、彼がすぐに調整してくれてさまざまな部署を回れることになりました。

開発に携わる研究者から、実際に鉄を溶かしてブレーキのディスク板をつくっている工場の人まで、本社の各セクションの人たちとじかに接し、現場を見る貴重な機会でした。**今から二〇年も前なのに、電気自動車や燃料電池の研究開発施設はすでに稼働しており、「将来、クルマは自動運転になるんだ。わかるか？」などと真剣に語る研究者と話していると、メルセデスが頑固なまでにテクノロジーにこだわり、将来を見据えていることが伝わってきます。**このときお世話になった人たちのなかには、いまだにつきあいがある人もいます。

外資でも日本企業でも、海外研修に行った際は、相手がやってくれることを黙って待っていたら、〝お客さん〟になってしまって何も見えてきません。遠慮せずに「これをやらせてください」といってみてこそ、せっかくのチャンスを活かせます。

「あのとき、もっと積極的になればよかった」と振り返りつつ、「たったひとつだけど、いい仕事ができたな」と思うのは、現在のダイムラー社会長で、当時の乗用車開発部門のチーフエンジニア、ディーター・ツェッチェのインタビューを取りつけたこと。日本からの取材依頼があり、私がやるしかありませんが、グループ会社の若造にとって、巨大企業の取締役とは顔も見られない雲の上の人。相手は間違いなく多忙を極めており、調整は容易ではありませんでした。

誰かに頼めばできるというものでもない。大きな組織には〝依頼のルート〟があるはずです。ドイツ本社の広報部長に相談すると、まずはツェッチェの秘書に電話をしろという。

「頑張れよ。ディーターは役員だし、彼の秘書は役員秘書のなかでいちばんキツいおい、局さんだぞ」

どんなにキツかろうと、ツェッチェにたどり着くにはまず、その秘書に話を通すしかないようです。ドイツ語なので、セリフを書き出してから電話をしました。

「ようわからん、おまえ、何いうてんねん」という反応の秘書に懸命に説明し、「そうか、インタビューか」と伝わったと思えば、「おまえ、ところで何者？」と聞かれる始末。日本から来ていて、と説明し、プランをファクスすることになりました。話があやふやだから書面で送れということで、通じたかどうか不安な状態です。しょんぼりして広報部長に報告すると、ちょうどランチタイムでもあり、「まあメシでも」となって、社員食堂に向かいました。すると部長がいうではありませんか。
「おぉ、あそこでメシを食ってるのが、おまえが電話した秘書のお局さんだよ！」
さっそく近づいて行って自己紹介。部長もドイツ語でフォローしてくれて、最終的にインタビューができました。たまたま秘書と社員食堂で会わなかったら冷や汗が出ますが、運に恵まれていたのでしょう。

〝お客さん〟では、人は学べない。成長できない。さらには、どんな企業でも、「他部署のことはよく知らない」「私の担当ではない」という〝お客さん〟感覚の社員がいると、会社全体の力を最大限に高めていくことはできません。

私は社長に就いてから、会社の状況や方向性、自分が今考えていることなど、これ

まで社内報やメール、社内掲示板など媒体を通して伝えていた事柄を、できるかぎり「直接」「肉声で」伝える機会を増やしました。年に数回は社員全員を集め、総勢およそ五〇〇人の社員に対して話します。

会社の方針や一人ひとりに期待していること、会社をどう改善していきたいのか。道筋を示すときに大切なのは、一人ひとりとのフェイス・トゥー・フェイスのコミュニケーションだと思っているからです。

そのような場では、いつも質問タイムを設けているものの、大多数の前で恥ずかしいのか、手が上がらなかったり、なかには〝お客さん〟といった表情に見受けられる人もいます。

会社をよりよく改善していこうというとき、大事なのは、社員全員が〝お客さん〟ではなく「当事者」という意識をもっていること。私自身、これから一層、会社を成長させていくために、一人ひとりとのインタラクティブなコミュニケーションを密にしたいと思っています。

国が違えば変わるもの、国が違っても変わらないもの

最後に「タスク!」のドイツ式・メルセデスな流儀

「とことん細かくお客さまのニーズに寄り添うんだな」

ドイツの販売法に接したのは、商用車販売に同行させてもらったときのことです。一軒一軒訪問していく、バンとトラックのセールス。三〇代後半の熱心なセールス担当者は、お客さまの要望をドイツ人らしい根気よさで確認します。キャリアアップを目指しており、「それにはまず今の仕事を懸命にやる」というひたむきな人でした。

「大型バンが欲しいんだ。卵の専用車にしたいんだよ」

リクエストされるのは、想像すらつかないクルマの使い道。商用車は用途がさまざ

まで、要望にどれだけ応えられるか、そこがセールスの腕の見せどころです。

「卵のビジネスを始めたいからね。バンの後ろを開けると棚があって、棚には卵が落ちないぐらいの穴をあけた板が何枚も渡してある感じがいいな。そこにずらっと卵を並べるんだ。引き出して卵の新鮮さを見せられるように、棚には稼働性も欲しい」

クルマの振動も考慮せねばならず、クルマを売っているのに棚をつくるという究極のカスタマイズ。お客さまと一緒にセールス担当者は悩みます。

予算も重要で、仕様変更に伴う計算をし、「割引車はないか、中古車がいいか」とクルマ自体を探すこともありました。

「あ、こちらは日本から来ているキンタロー。ドイツ語も少ししゃべりますよ〜」

鞄《かばん》持ちというより、猿回しの猿状態でついていくだけの私は、複雑な話になると入っていけません。やることがないのでお客さまの子どもに算数を教える、なんてこともありましたが、お客さまに寄り添い、「ここまでやるのか！」と驚いてしまうほど、徹底的に応える姿は非常に勉強になったし、何より楽しい経験でした。

私が販売目標設定について深く考えるようになったのはもう少しあとの話ですが、

メルセデスでは目標に必ずプラスαをします。おそらくドイツ式の考え方だと思いますが、**最初は設定した目標に向かって努力し、「もう少しで達成だ」という最後の最後の段階で「タスク！」の発令。すなわち、当初の目標にプラスαを上乗せしたものを最終目標とします。**

ジムのトレーニングと同じです。「腹筋三〇回」と決め、「ふう、もう限界。あと一回だ」となったとき、トレーナーがすかさず「あと三回！」という。こちらは「三〇回っていったのに」と思いつつ、「最後に負荷をかけるといちばん効くんですよ」などといわれて、頑張る。そのうちに予想以上のことができてしまう。

メルセデスは常にこのやり方です。厳しさに音を上げそうになるけれど、最大限のパフォーマンスを引き出すための有効な方法だと思っています。ゆえに私もこの方法を踏襲していて、自分にも部下にも最後に「タスク！」。たとえば案件についてであれば、徹底的に考えたか、それが本当にベストなのか、再度問いかけます。メルセデスな流儀が身についたということかもしれません。

アメリカで感じた「クルマとの軽やかな関係」

ドイツ研修終了のころ、日本は広報が組織変更中で落ち着かないというので、私は上司に、**「じゃあ、ついでにアメリカ研修に行かせてください」**と申し出ました。

唐突だし図々しい。それでもメルセデス・ベンツ日本の社長がアメリカの社長になったばかりで、受け入れてもらえる絶好のタイミング。しかも一ドルが七〇円台ぐらいの円高で経費も安く抑えられ、遊ぶのにも最高。行かない手はありません。

ニュージャージー州モントベールにあるメルセデス・ベンツ・アメリカ本社に行くと、社長自らドイツと同じようなプログラムを考えてくれました。本社機能、ショールーム、コールセンター、ニューヨークの直営店、ワシントンＤＣにある渉外部門、私は喜んであちこちを見て回りました。

忘れがたいのはアラバマの工場。南部に飛ぶと、広大な敷地には作業員用の掘っ建て小屋がぽつんとあるだけ。まさに敷地に杭《くい》を打ち、工場建設を始めるところです。

工場づくりは町おこしでもあります。地元の人への説明会、雇用の確保。マーケテイングと記者発表。アラバマについて知らねばならないと、地元の〝アラバマ商工会議所〟のようなところの会合に出席したり、アラバマ大学でアラバマの歴史を学んだり、強豪アメフトチームに会ったりという取り組みに、私も参加させてもらいました。

その後、ポートランドのトラック工場を経て西海岸に飛び、ロサンゼルスとサンフランシスコの地域事務所やハリウッドの直営店を見て回りました。同じ西海岸でも、オーナーが違えば、考え方からオペレーションから売り方から、まったく違うのだということ。アメリカならではの販売規模の大きさが、その違いをさらに増幅していることを目の当たりにしました。

ニューヨークは地下鉄やバスといった公共交通が発達していますが、九〇年代の西海岸は完全なるクルマ社会。このころ強かった販売店さんはポリシーをもって売っていて、今もなお強い。時代の変化で淘汰《とうた》されない売り方について考えるための〝自分のなかの引き出し〟を、このころの経験でつくってもらった気がします。

アメリカで印象的だったのは、「クルマを所有するのではなく、リースする」という発想がお客さまに浸透していたこと。日本では二〇一二年から新型〈Bクラス〉の発売を機に始めた月々一万円程度からの残価設定型ローン〈まるごとプラン〉のようなものが当時すでにあったのです。

これは三年後、五年後にクルマを売った場合の残価を差し引いてローン対象にするもの（クローズエンドリース）。**最初から高価なクルマを求め、月々の重い支払いと金利を抱えて〝一生モノ〟として一台を所有するのではない。三年後、五年後に経済状況やライフスタイル、クルマの消耗度を見直し、そのときの自分に合った新しいクルマにどんどん乗り換えていくという考え方です。**クルマが生活必需品のアメリカらしい軽やかさだと感じました。

未知なるドイツでのたくさんの初体験。何度も訪れ、よく知っているはずのアメリカの〝でっかさ〟の再認識。

本社とアメリカの仕組みを一通り見るという濃密な一年半を過ごし、私は感激していました。猛烈に働いて猛烈に酒を呑んでいた日本での日々も充実していたけれど、まるで違う大冒険が二〇代最後にできたのですから。

燃料電池や電気自動車など、いつも先を見て、貪欲に次の一手を探す最新のテクノロジーへのこだわり。ドイツはドイツ式、アメリカはアメリカ式とドメスティックにその土地の事情にきめ細かに合わせながらも、「最後は人と人」という信頼関係を大切にする共通の売り方。**国が違えば変わるものと、国が違っても変わらないものがある。グローバルなのに、ドメスティック**。メルセデスな流儀とは、そんなものかもしれないと私は考えていました。

スーツケースひとつで日本を出たのに四つ分も買い物をして、意気揚々と帰国準備をしていると、日本から連絡が入りました。

「上野さん、やっとつかまった！　ドイツを出て行方不明って噂《うわさ》になってますけど」

上司にはＯＫを取ったものの、「いったらダメだといわれそうだな」と人事への申請は省略。その後の報告も「ま、いいか」と放置。誤解が誤解を生んでいたようです。「行方不明だったかもしれないけど、帰れば無事だってわかるよな！」とあまり気にせず、私は日本に戻りました。

再び、猛烈に働くために。

CHAPTER-3

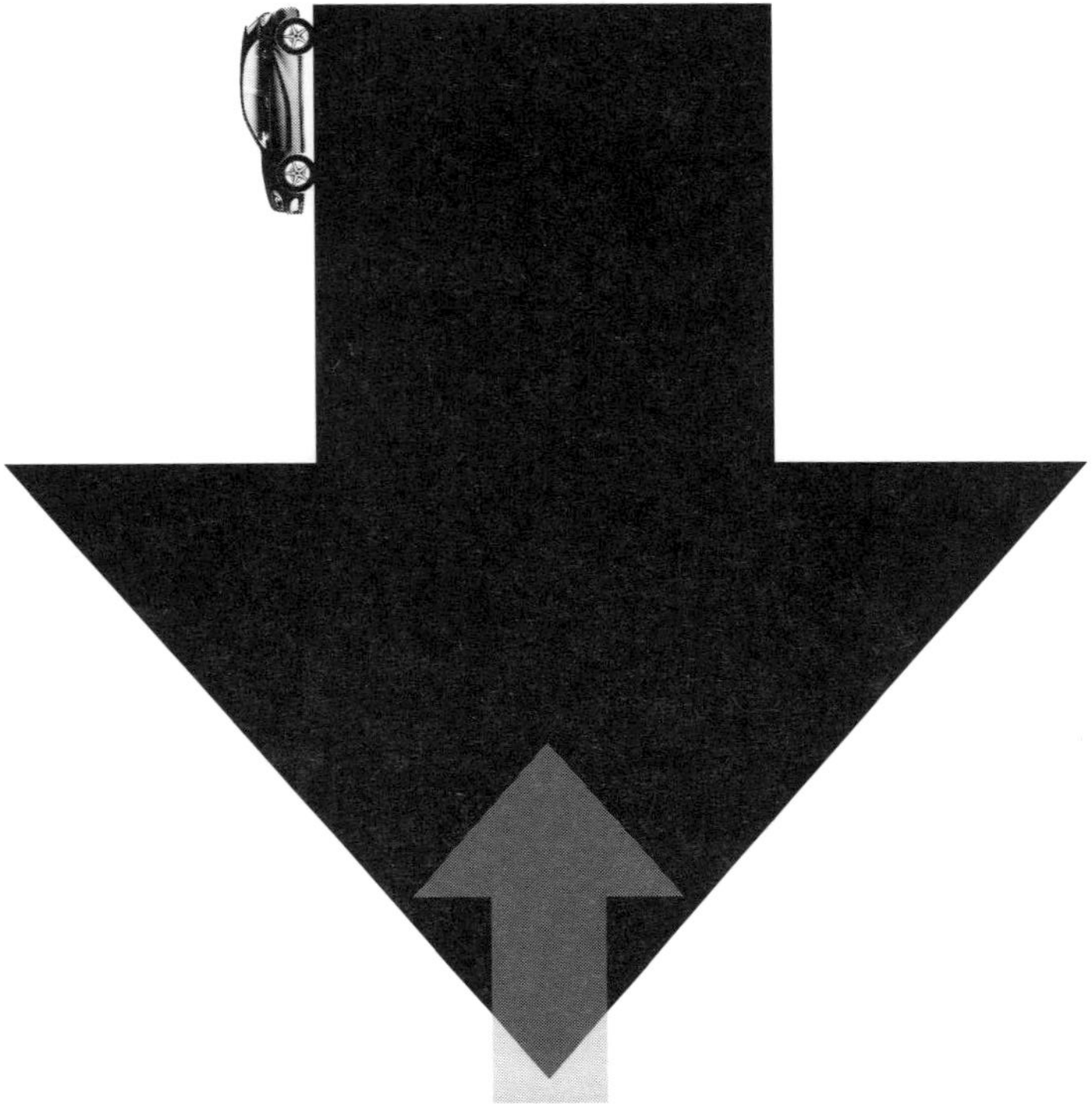

Chapter-3

ていねいでありながら最速

質と量。価値と価格。技術とデザイン。ハードとソフト。
相反すると思われるもの、
「こちらを立てればあちらが立たず」とされることを、
いかに両立させるか。
これが最善を目指すということです。

Mercedes Way

最善でなければ意味がない

最善だけが仕事である

“Das beste oder nichts.”
これは、メルセデスの創業者であるゴットリープ・ダイムラーの言葉です。
英語では“The best or nothing”日本語では「最善か無か」と訳され、メルセデスの哲学が込められています。
「最善か無とは、あまりにも極端じゃないか」という議論もあって、この言葉自体をあまり使わない時期もありましたが、私にとっては今も昔も非常に大切な仕事の指針です。

「最善か無か」とは、「ファーストクラスじゃないなら出張に行かない」という冗談ではなく、「精一杯やるか、まったくやらないか」という極論でもありません。私の解釈は**「最善でなければ意味がない」**。

どうせつくるなら、最善のものでなければ意味がないし、どうせ仕事をするなら、完全燃焼でなければつまらない。何かを始めたのに生焼けで終わるというのは不甲斐ない。中途半端でやめるのは、たまらなく気持ちが悪いという性分でもあります。

いまどき流行《はや》らないのかもしれませんが「グイグイいかなくてもいいじゃないですか」という風潮は苦手。「ほどほど、適当」というのも大嫌い。「無理です、できません」と最初からいう人がいると、怒りを超えて理解不能です。

「まだ何もやっていないのに、どうしてわかる？」と思うのです。身の丈のはるかに上のことをしようとも思わないし、社員に命じるつもりもありませんが、めいっぱい背伸びして届くくらいのことはやりたいのです。

私の思う「最善か無か」とは、与えられた条件下で最善の結果を出すことです。

夏のキャンペーンなのに、「最善のものをつくろうと思ったら、考えているだけで夏になっちゃいました」というのは論外ですし、五〇万しか予算がないのに、「一〇〇〇万円かかりましたが、すごいものができました！」というのもナンセンス。仕事に限らず、すべての物事には制約があり、それを壊すことはできません。気力やお金で一日二四時間を五〇時間に増やせはしないのですから。

どうやっても無理なことはあります。「五〇メートルを三秒で走れ」といっても無理でしょう。最近も「この日程でアメリカとイギリスに出張したい」と調整したとき、わが社の有能な秘書に「可能ですが、航空会社の規定で一旅程にまとめられないので二〇〇万円かかりますよ」といわれてあきらめたこともあります。理にかなっていれば「経費の無駄だからイギリスはやめよう」と、引く判断もするのです。

しかしビジネスの場合、ほとんどのことはストレッチ可能です。どうしても無理なら、どの点が無理かを明確にすればなんらかの解決策が見つかります。

「できません。その期日では不可能です」であきらめない。「その期日までに準備するには、人が足りません」と〝できない理由〟が明らかになれば、追加で人を投入するといった対策を講じることで、〝できない〟を〝できる〟に変換できます。

最初から「無理です」という理由は、もしかしたら無理とは具体的に何を指すか、

問題点がわからないからなのかもしれません。漠然と「失敗したらどうしよう」と恐れているだけかもしれません。

物事をあいまいにせず、〝できない理由〟を突き詰めて〝できる方法〟を考える。このほうがポジティブであり、最善の結果に近づけると私は思うのです。

現場感をつかみとる嗅覚をどう研ぎすますか

一〇〇の言葉を費やして説明するより、一度でも試乗していただいたほうが、メルセデスの魅力をお伝えできます。ドライビングフィーリング、シートの座り心地、加速感。実際に乗って、体で感じてこそわかることはたくさんあります。

仕事全般についても同じことがいえます。メルセデス・ベンツ日本は生産も販売もしないために、ともすれば〝頭でっかち〟になる危険をはらんでいます。そこで、生活者としての実感を日々更新することも、その危険を回避するための大切なトレーニングです。

たとえばデパートの照明や接客の様子、息子が買ってくる服、会社の近くにできたレストランのランチ。**すべて見て、感じて、触って、味わってみなければわからない。現場に出なくても現場から乖離《かいり》しない嗅覚は、常に研ぎすましておかねばならないと思っています。**

私は三〇代前半を社長室や広報室で過ごしましたが、課長になり、部長になるとは、現場から離れて〝頭の仕事〟が増えていくことでもあります。経験を積んでマネージャーとなるビジネスパーソンは、多かれ少なかれ〝戦略〟が〝空論〟になりかねない危うさにさらされるようになる。そんな気もするのです。

二〇〇二年、社長室でさまざまな事業戦略を考えていた当時の私の懸案は商用車部門でした。

ダイムラー社は乗用車を扱う〈メルセデス・ベンツ・カーズ〉、バンを扱う〈メルセデス・ベンツ・バン〉とバスを扱う〈ダイムラー・バス〉、そして商用車を扱う〈ダイムラー・トラック〉を擁しています。乗用車は世界シェア一〇位以内ですが、トラックでは世界シェアナンバーワン。ヨーロッパにおけるメルセデス・ベンツとは商用車のメーカーなのです。

「日本でも商用車に力を入れよう」となったものの、当時も今も、日本の商用車はいすゞ、日野、三菱ふそう、日産ディーゼル（現UDトラックス）という四大メーカーの寡占マーケット。トップ4でシェア九〇パーセントを超えるため、高価格の輸入車であるメルセデスが食い込むには高い壁が立ちはだかっています。

そこをなんとかしようと私もさまざまな提案をしていましたが、あるとき、思いがけないオファーがきました。


「提案するならやってみろ。商用車部門に役員として行ってみたらどうか」


あとで聞いた話では、同じオファーを受けていたドイツ人がいて、彼は断ったようです。明らかに難しい事業で、扱うのはセダンともSUVともまったく違うトラック。ここに突っ込んでいくのは賢い選択ではないという判断もあるでしょう。

ところが私は、何かのチャンスを与えられたのに活かせないと、悔しくてたまらないという困った男。役員のポストも魅力だったのかもしれませんが、このオファーがチャンスか無謀な賭けかは微妙なところです。いずれにしろ「来るべきものが来たか」と当然のごとく引き受けました。

まずは外堀から攻めようと、あらゆるデータを分析し、可能性を探ってみたところ、著しく儲《もう》けるのは難しい。「それでも業績を改善し、事業が継続できるところまで持っていく策はある」というのが私のはじき出した答えでした。

メルセデス・ベンツ日本自体が世界のメルセデスから比べると高コストな組織だとされていましたが、特に商用車は高コストという評価。「もっと削れるところがあるのではないか」と考えている間にも、コストは出ていきます。当時の商用車部門も、現在の日本本社のある、六本木一丁目のオフィスにありました。しかし、部門ごとの独立採算制で、賃料も部門ごとに振り分けてそれぞれ経費として計上するのですから、売り上げが少ない商用車部門にとっては結構なコストです。

「六本木だと、近くにトラックを置く場所もないんだよな」

社員は当時愛知県豊橋にあった新車整備センターに行って帰ってくるだけで、一日かかってしまいます。ドイツから商用車部門の人が来ても、まず六本木で事務手続きをし、豊橋に行ってと煩雑です。

「商用車の事業規模や売り上げに対して六本木の家賃は高すぎる。トラックは豊橋にしか置けないから仕事の拠点が分散している。まとめたほうが効率が上がる」

以前総務と話していたことが、俄然《がぜん》、現実味を帯びてきました。当時、ＪＲ横浜線の鴨居《かもい》駅近くに、メルセデス・ベンツのテクニカルラボとトレーニングセンターが入居しているジャーマンインダストリーセンターという建物がありました。そこなら豊橋に半日で行けるし、六本木にも一時間。浮いた時間でもっと仕事ができるでしょう。

「六本木を出よう。商用車部門全員で、鴨居に引っ越す」

私の提案に賛成した人は誰もいませんでしたが、引き下がりませんでした。

「神奈川に住んでいる社員も多いし、なんとか調整して通勤してくれませんか。コストを削減し、効率を高め、一致団結してトラックに集中するにはベストな方法です」

説明し、説得し、なかば独断で移転を決めてしまいました。

本気を証明するのは行動だけ

「上野金太郎さん、三八歳。世田谷区にお住まいですか……」

窓口の人が不思議そうな顔で書類を眺めていたのは自動車教習所。商用車部門に行くにあたり、私は大型自動車免許を取ることにしました。どうやら、脱サラしてトラック運転手を目指す男だと思われたようです。

免許を取る必要があったのかわからないし、戦略だったのかもしれないし、なんでも自分でやらないと気がすまない性格のせいかもしれません。少なくとも私なりに、「このくらいやらなきゃ、本気は伝わらないだろう」と考えてのことでした。

熱く感動的な言葉を語っても、どんなに元気よく挨拶しても、本気かどうかはわかりません。「ただのパフォーマンス」というのは厳しい言い方ですが、**その人の真意は、実際にどのような行動をとるかで表れる**というのが私の考えです。

ずっと商用車部門にいた社員から見れば、私はなんにもわからないズブの素人《しろうと》。「役員になって社長室から来た？　乗用車しか知らないやつにトラックの何がわかる？」と思われて当然です。商用車部門の社員はトラックを知り尽くしており、大型免許を持っている人も何人かいました。だから「本腰を入れています」という自分の意思を、免許というかたちで表そうと思いました。

「トラックの免許を取りに行く暇があるなら、ほかにやるべきことがあるだろう」と感じた人もいたはずですが、業務に支障がないように、教習所に行くのは朝イチか夕方。土日はフルに行きました。

こう書くと大変な決心のようですが、一八歳で免許を取ってから二〇年ぶりの教習所通いは新鮮で懐かしく、案外楽しい日々。こんな機会はめったにないとポジティブでした。


同じクルマといっても、トラックと乗用車は相当に違います。

トラックには大きく分けて二種類あり、荷物を積むトレーラーを牽引《けんいん》するための「トラクターヘッド（牽引）」と、全体が一体化している「単車」があります。

大型免許とは正確には単車の免許で、これを取得したあとでトラクターヘッド（牽引）の免許も取れます。両方の免許を取って運転してみると、今まで知ってはいたけれど理解できなかったことが腑《ふ》に落ちました。

商用車を扱っている人なら新人でも知っている「初歩の初歩」の知識。その基本が体に叩《たた》き込まれていないと、メルセデスの製品がどれだけ優れているのか、お客さまに説明することはできません。

メルセデス・ベンツのトラックを選んでいただくには、ドイツの優れた性能をアピールすると同時に、日本の市場に合わせるきめ細かさも必要です。タイヤひとつとっても、ヨーロッパで使っているタイヤをそのまま高温多湿の日本で走らせるとすぐにダメになってしまう。風土に合ったタイヤを開発しなければなりません。

また、日本とヨーロッパでは法律が異なります。たとえば、道幅が狭い日本では、細い道に入るときの安全性を確保するために、ミラーが電動で折り畳める機能を備えていなければならず、その部分だけ日本モデルとして独自に開発するプロセスも不可欠でした。

「日本式」も「欧米式」もない シンプルな仕事の大原則とは

メルセデスが取引しているトラックのオーナーには、日本通運、トナミ運輸、西濃運輸といった大きな企業もありますが、ほとんどが中小企業でした。トラック一〇台で社長さんもドライバーという会社もあれば、四〇〇台くらい持っているところもあります。

販売店を通してのセールスが主ですが、一部直販もあるため、部門長は事業所にいればいいというわけではありません。なにしろ高額商品で、価格帯が低いものでも一五〇〇万円から一七〇〇万円、高いものだと二八〇〇万円。橋げたなど、日本のメーカーのトラックでは運べないもののために特注でつくる場合、一億を超えることもありました。高額な投資である以上、オーナーにとっては大きな決断です。

「責任者を連れてきたら話を聞いてやるよ」ということも多々あって、私も商談に行きました。

オーナーに多いタイプは、しっとりおだやかというより、ざっくばらんで豪快な人たち。「まとめて八〇台買う」といってくださったオーナーは、商談に入る前にまずお酒。日本刀の飾られた床の間を背に「まあ呑んで！」と盃《さかずき》を差し出す姿は、かなりの迫力でした。なかには私が大型免許を取ったと話すと「おお、そうか」と意気に感じてくださる方もいましたが、一筋縄ではいきません。

門前払いされるし、来いといわれて行ったのに会ってもらえないのは日常茶飯事。しばらくご無沙汰してから伺うと「あれ、生きてたの」とそっぽを向かれる。それでも顔を出し、人間関係をつないでいくしかありません。ドイツで卵売りのバンを売っていた、あの営業マンがしていたことと同じです。

人としてのつきあいを怠れば、声はかからない。お客さまと人と人として接し、縁をつなぎ、信頼を築く。これがどんな時代でも変わらない、欧米式も日本式もない接客の基本なのです。

ビジネスとしてのシビアさも大切で、要となるのはコスト。乗用車だと「メルセデスなら奥様も喜ばれますよ」「この新型、お客さまにぴったりです」といったアプローチが効果的な場合もありますが、商用車だと「メルセデスなら運転手さんのモチベーションも上がりますよ」というのどかな話だけでは全然足りない。性能やデザインの話をしていても埒《らち》があかないのです。

トラックで重要なのは積載量。二台のトラックで分散して運ぶより一台でいっぺんに運んだほうが効率がよく、コストも下がります。大豆、砂糖、水、油。運送するものはさまざまですが、トラックごとに荷室スペースと比重があらかじめ決まっており、高さ制限もあります。

宅配便などは比較的軽い段ボール箱なので主に嵩《かさ》の問題ですが、水や油など密度が高くて重いものは、限られたスペースにいかに効率よく詰めるか、お客さまと一緒に考えることもしばしば。あまりに考えすぎて、そのころは積載量の夢をよく見ていました。今でもクルマに乗っていて走行するトラックを見かけると、後ろに書いてある「一万四五〇〇」「一万三五〇〇」といった〝このトラックが運べる重さ〟をチェックしてしまいます。「この大きさなのに、なんで一万四五〇〇も取れてんのかな?」などと考え始めて、完全に職業病でしょう。

燃費も走行距離もポイントです。ジャストインタイム方式が叫ばれ、あらゆる物流が時間との戦いになっているなか、万一故障して遅延が発生したら大きな損失。オーナーの会社が危機にさらされます。必要な物資が届かなければ工場を止める可能性もあり、負の連鎖になりかねません。商用車のオーナーには乗用車とはまた違う、重い責任がのしかかっているのです。

重圧を背負い、トラックについて知り尽くした運送業のオーナーに、「うちは趣味でクルマ走らせているんじゃねえんだ!」といわれつつ、一〇〇〇万円を超える投資をしていただくには、「なぜメルセデスなのか?」を納得していただくに充分なエビデンスが必要です。エンジン、性能、仕様などの説明をしたうえで、コストダウンの方策も提示します。

「メルセデスはオートマチックなので運転がしやすく、ドライバーさんの疲労が軽減されます。事故も防げますよ。だからといってぶんぶんブレーキを踏まれちゃうと、ブレーキパッドが消耗しますからね。エアブレーキも使ってシフトダウンもちゃんとしていただけば、部品の寿命が延びます。部品のセーブでこのぐらい、燃費がいいのでこのぐらい、トータルこの程度のコストダウンにつながります」

六本木にいたころはデスクワークが中心でしたが、鴨居では新しいお客さまと出会い、新しい仕事のやり方を学ぶ驚きの連続でした。

北海道、広島、四国など、積極的に販売促進にも出向きました。乗ったときによさがわかるのは乗用車も商用車も同じだと、各地でトラックの展示会兼試乗会を開催。せっかく免許を取ったことだし、と自分で運転したこともありました。「このトラック、やっぱり乗り心地がいいな！」と実感したものです。

トラックの販売目標数は年間五〇〇台から七〇〇台。乗用車に比べると小さな数字ですが、達成することができました。

ていねいでありながら抜群に速い

「興味をもったときが欲しいとき」対応できる瞬発力が成否を分ける

質と量。価値と価格。技術とデザイン。ハードとソフト。**相反すると思われるもの、「こちらを立てればあちらが立たず」とされることを、いかに両立させるか。これが最善を目指すということです。**

メルセデス・ベンツというクルマであれば、技術とデザイン、スピードと安全といった双方が最高でなければなりません。これは日常の仕事にもいえることで、私は「ていねいでありながら最速」を基準にしています。

クルマの販売は日々の勝負であり、客足は季節や天候に左右されます。雨だと人は外に出かけない、晴れだと遊びに行ってクルマの販売店には足を向けない。展示会などのイベントなら雨はダメ、かんかん照りでもダメ、薄曇りがちょうどいいけれど、都合よくそんな週末ばかりがくるとは限りません。そのうえで、**ほとんどの商機はお客さまがその場に足を運び、興味をもっていただいた〝瞬間〟に、凝縮されている**のです。貴重なチャンスを逃すわけにはいきません。

通り一遍の説明をするのではなく、必要なことをお伝えし、ブランドにふさわしい、質を伴った接客をする。お客さまのリクエストには迅速かつ正確に応える。

「このクルマで白が欲しいのだけど、いつごろの納車になりますか？」とお客さまに聞かれたとして、「ドイツに問い合わせまして、三日後にご連絡します」では、スピード時代でなくても見放されてしまいます。興味をもったときが欲しいとき。スピードを誇るクルマを売っているのに、スローなレスポンスはありえません。

商用車部門にいたころ、当時の営業部長とつくったのが〝二四時間ルール〟でした。運送業のオーナーからのリクエストを彼に振った場合、たとえ金曜の夜だろうと二四時間以内にフォローしてもらうという体制です。「いつも悪いね」と私がいうと、「いえいえ、これで一台でも二台でも売れたほうがいいですから」という営業部長の返事。

二人とも「この仕事でメシを食っているから当然だ」と承知していたので平気でした。お互いに立場が変わった今でも、このルールは生きています。

もともと私はせっかちなのでしょう。部下宛にメールを書くと、送信ボタンを押したとたんにその人の席まで行き「メールの件、どうかな?」と聞いてしまうタイプです。部下にしてみればプレッシャーだと思いますが、私自身も逆の立場で部下に何か相談されたら、二四時間ルールで答えるようにしています。いわれてすぐやれば、忘れたり、先延ばしにしたりせずにすんで一石二鳥なのです。

年に一度くらい、飛行機に乗ってしまって電話がつながらない、酔っぱらって忘れたなどというお恥ずかしい〝バグ〟もありますが、「考えとく」「やっておきます」で流れてしまうのは、いちばん怖いことです。

「全社に二四時間ルールを徹底」とまではいかなくても、せめて四八時間。**「ていねいでありながら、抜群に速い」**を仕事の原理原則として共有したいと考えています。

「今できること」を今すぐにやっているか

日頃からレスポンスの速さは大切ですが、緊急時はなおのこと。とっさの判断ととっさの対応が、その後を左右します。今できることを見極め、今すぐにやれば、トラブルを最小限にとどめることができます。

二〇一一年三月一一日、東日本大震災の際、茨城県日立市にある新車整備工場が被災しました。約一〇〇〇台を収納できるカーサイロという巨大立体駐車場のリフトが故障。クルマはダメージを受け、さらに二百数十台もの新車が海に流されてしまいました。

七月オープン予定の〈メルセデス・ベンツ コネクション〉のために奔走していましたが、さらに三月は繁忙期。年度替わりとあって販売数増加が見込める絶好の売り時なのです。新車整備ができないとは、四〇〇〇台という大きな数字を予定していた日本全国の販売店への出荷がストップするということです。

「それどころじゃない」というのが会社のムード。海にクルマが流されていく映像が世界中に流れ、ドイツからも緊急連絡が入っていました。震災が金曜日で、土日は本社で情報収集でしたが、ドイツ人スタッフが国に帰るかどうかの相談もありました。メルセデスの〝外人たち〟は腹が据わっており、スピークス社長以下、ほとんどの役員が残ったのですが、家族を帰国させるチャーター便を手配するという連絡も入り、非常事態でした。

週明け月曜の一四日、私は急遽、国土交通省に向かいました。

「整備地変更の許可を大至急いただきたい。日立の整備工場が被災して立ち往生しています。お客さまが待っているんです。豊橋に、工場機能を追加する許可をください」

お役所は通常、申し出に即答しません。数日かけて書類をやりとりするのが普通ですし、そもそも担当の方にお会いするのに時間がかかります。ところがこのときは、即時対応してもらえました。週明けにいきなり行ったのがよかったのでしょう。

「会社の代表の方が来てくださったからよかった。じかにいらしたのは御社くらいですが、問い合わせは殺到していますから」とあとで担当の方に聞きました。

許可が出ると、私はその足で豊橋市長に会いに行きました。商用車部門にいたころからおなじみの豊橋にあった新車整備工場は、「日立に集中したほうがコスト削減できる」との理由で前年に撤退したばかり。虫がいいのは承知ですが、まだ部品庫も残っており、ここしかありません。

「市長、自分勝手なのは承知のうえです。一時期ですが、どうか豊橋でまた整備をさせてください！」

頭を下げる私に、市長はいいました。

「上野さん、もちろんOKですよ！」

虫のいい話にもかかわらず、イヤミや皮肉はもちろんのこと、一瞬の迷いすらない快諾。その場で即答してくださった市長の言葉に心から感謝しながら、翌日には日立の整備工場のメンバーみんなで豊橋に移動しました。

それからは、猛スピードでていねいに。販売店のなかには、いろいろな事業を手がけている方がいます。石油会社を経営している販売店などにお願いして燃料を確保し、無事だったクルマを日立から豊橋に移動させます。整備士が日立から移動するためのクルマとガソリンも必要です。頼めるところを探し、ありとあらゆることをお願いしました。

六本木の本社からは私と営業部の社員で豊橋に行き、豊橋工場の事務所開設のオペレーション。本社は自宅待機社員も多いなか、「それならば」と私は豊橋に集中したのです。

私は極力、明るくふるまっていました。「昼メシの調達に行くぞ。みんな何がいいか聞いてこい」と若手にいうと、「何が食べたいですか〜」とぼんやり聞いている。「ったく、しょうがねえなあ。弁当屋のメニューがあるんだから『ミックスフライ弁当、幕の内弁当、牛丼弁当、どれがいいですか!』って見せて、相手が頼みやすいように聞けよな」と学生のノリでどやしたり。こんなときだからこそ深刻に、暗くやっていても仕方がありません。

三月の数字を、ドイツ本社はあきらめているのはわかっていました。それだけ大変な災害でした。しかし、日本全域が震災の影響で動けないわけではない。「非常時だから」と販売をストップするのが正しいこととは思えません。

供給会社である私たちは、クルマが必要な販売店、ひいてはお客さまに届けることが仕事。その仕事をいかなるときでも全うする。ただ、それだけでした。

奮闘したのはメルセデス・ベンツ日本だけではありません。東北にはダイムラーと取引があるサプライヤーが多くあります。〈ダイヤモンドホワイト〉という、そこでしかつくれない、メルセデス・ベンツのなかでも人気の塗料を製造している塗料会社も被災しました。供給は一時グローバルで止まってしまいましたが、〈ダイヤモンドホワイト〉は人気色なので世界からの注文はおかまいなしに入ってきます。するとその会社は手を尽くして数週間で新しい工場を探し、生産を再開しました。日本の会社の底力です。

販売店も「このクルマのご注文をいただいたけれど、在庫がない」というとき、販売店同士で自発的にクルマを融通してくれました。普段の関係があってこそできることで、本当に感謝しています。

こうして二〇一一年三月は、三八六四台という数字を残すことができました。一一日から三一日までの二〇日間で、「どんな状況でもできることはある」と確信できた気がします。あきらめずにやりとげる達成感を味わえたのは、**「今できることを見極め、今すぐやる」**という仕事のやり方を共有していたからだと感じます。

仕事の「起承転結」を考える

頭ではじいた数字と気持ちの入った数字は違う

「日本人は論理的でない」「日本人は戦略が不得手だ」などとしばしばいわれます。

私は長く副社長として外国人社長とともに仕事をしてきましたし、ダイムラー本社に行けば、ドイツ人をはじめ欧米人と計画を立てたり検討したり、日本発の企画を通そうとやり合ったりします。そんなときは自分自身「うーん、たしかに俺も日本人で、出たとこ勝負なところがあるな」と感じます。

それだけドイツ人の計画の綿密さはすさまじい。はるか先まで長期計画を立て、中期、短期と細分化し、すべての事業が論理構成されています。日本人はもう少し情緒的で、「そんなものを立てたって、明日天変地異が起きるかもしれない」という感覚もあります。企画でも目標でも、案外〝出たとこ勝負〟な部分はあるのかもしれません。

〝出たとこ勝負〟は、言い換えれば瞬時の判断を取るということ。必要な要素だと思いますが、それだけで大きなことを成功させるのは難しい。綿密な計画を立て、「起承転結」で成功のストーリーを描くことが、事業戦略でも経営においても大切です。**ビジネスパーソン一人ひとりの仕事でも、起承転結を意識するかどうかが、その仕事をコンプリートできるか途中で立ち消えになるかを左右する、大きな鍵だと思います。**

仕事の起承転結、「起」は目標設定と実行計画づくりです。目標なしではスタートできません。突発事項や不測の事態がいかに多いとしても、計画なしでふわっと始めて「結」までたどり着ける仕事はありません。

メルセデス・ベンツ日本の場合、数年先まで目標販売台数を設定していますし、実際の輸入台数は二年前から決めなければなりません。これはダイムラー社という〝仕入れ先〟との調整でもあります。

「あのとき五万台といったけれど、やっぱり一〇万台売りたい」と突然いってても対応してもらえない。ドイツ本社には本社の「三年後はこのクルマ、四年後はこのクルマのニューモデルを出す」という生産計画があり、それを各国が「うちは一〇万台」「うちは三万台」とあらかじめ確保しているので、急な割り込みはできないのです。

日本までの輸送に四〇日かかるという物理的な事情もあります。

また、クルマはワインと違います。寝かせればヴィンテージカーになるわけではなく、廃棄することもできません。幸い今のところ、ほぼ売り切ることができていますが、万一売れ残れば旧モデルとして在庫を抱えることになります。「大は小を兼ねる」から、ざっくり〇万台」ということはありえません。

目標販売台数は、株価や税制の変更、キャンペーンやメディア戦略も鑑みて設定します。たとえば、〝最強のAクラス〟と呼ばれた〈A45 AMG 4MATIC〉の限定モデル企画がドイツで持ち上がったのは、発売一年前の二〇一二年。本社が定めた生産台数は最低でも世界五〇〇台なので、各国トータルの輸入希望台数がそれに満たなければ限定モデル企画は白紙となります。

「何台なら売れますか？」と全体会議が行われ、フランスが二〇台、イタリアが三〇台などと順に引き受ける数を申告するなか、私の答えは「日本は六〇〇台ください」でした。

上り調子の目標販売台数を達成するには刺激が必要だ。このモデルはそれになりうるし、日本は限定車六〇〇台を売れるマーケットだというのが私の戦略でした。

「ただし、生産開始の最初の二か月で六〇〇台すべて、しかも二色確保してもらえないと困ります」と主張しました。限定車なのにだらだら少しずつ入荷したのでは、特別感が薄れるうえキャンペーンも行いにくく、商機を逸してしまいます。

「それを約束してもらえたら、六〇〇台を日本が引き受けます」

結果として要求どおり、発売記念限定モデル〈Edition 1〉の日本バージョンは〈カルサイトホワイト〉と〈コスモスブラック〉の二色六〇〇台を用意してもらいました。

目標設定は緻密に行う必要があります。データを見て、マーケティングをして、新車や限定モデルの期待値、宣伝効果も推し量り、計算に計算を重ねなければなりません。「今月は雨が多い、大雪で冬の販売台数が落ち込んだ」と状況に合わせて毎月きめ細かく調整することも大事です。しかし、緻密なだけでは充分とはいえません。

重要なのは、目標にタスクを付け加えること。頭で弾いた数字と気持ちを入れた数字は違います。ゴルフにたとえれば、八五で回っている人が八二を目指すのは安全圏から出ないぬるい目標。少しでも成長したいなら、「八〇を切る」といういささかキツい目標にトライすべしというのが私の考えであり、それが会社全体の勢いと集中力をつくりだすと感じています。「日本は限定車六〇〇台！」は、上り調子の現状にさらにドライブをかける、まさに「気持ちの入った数字」でした。

「この目標販売台数じゃ少なすぎるよ。もっと売ろう。もうちょっと力を入れれば売れる。展開をもう少し派手にやればできる！」

たいてい私はこんなことをいいつつ、最後に「タスク！」を付け加えているのですが、これは「気合いで売れ！」という精神論とは似て非なるもの。

達成意欲を表明することは非常に大切です。なぜなら直接販売をせず、人・モノ・金を使って販売店にどう売ってもらうかを考えるのが私たちの仕事。

「黙って売ってくださいね」という高圧的な態度で売ってもらえるはずもなく、「頼みますよ、売ってくれませんかねえ」というお願いモードが有効なわけでもない。「売れる方法」を一緒に悩んで考えるのがいいのか、「こうやれば売れる」と販売戦略を堂々と提示するのがいいのか、結局答えはないのです。

相手によっても違う、状況によっても違う。ひとつだけいえるのは、「絶対に達成する、最後まであきらめない」という自分の意欲を相手に伝えなければ、決して完走できないということ。本気が伝わることでみんなを巻き込み、「そこまでいうなら頑張ろう」と思ってもらえることもたくさんあります。

人は単純ではないから、いつも賛同してもらえるとは限りません。**しかし、自分が本気でないのに、相手を本気にさせることなど不可能ということだけは確かです。**

一年の目標を設定したら、戦略を組み合わせ、実行計画に落とし込んでいきます。

新車発表会でビキニのコンパニオンが並んだワケ

目標を計画に従って進めていくとは、机上の空論を現実に変換していくこと。起承転結の「承」は、目標に〝できる理由〞を紐《ひも》づけていくということです。「起」の目標設定時に達成意欲を示すのは大切ですが、この段階では現実的かつ合理的に考えます。

単純な話をすれば、一年で六万台売りたいとき、一月に五〇〇〇台売れれば、〝できる理由〞がひとつ増えます。「出張展示会をやって頑張った！」というだけで実際に売れていなければ、〝できる理由〞が増えないどころか、仕事をしていないことになります。「頑張った」という気分に実績が伴わなければ、ただの勘違い。本当の意味で頑張っているとはいえないのです。

販売店に〝できる理由〞をもってもらうには、「メルセデスの戦略を信頼している」と思っていただく、「上野さんの絶対達成するという意欲を買う」といっていただくという気持ちの関係も大切ですが、それだけに頼っているのは甘えです。「達成ボーナスを出す」「報奨金制度を設ける」「表彰式を行う」といった対価を提示し、「表彰されるように頑張るぞ！」と具体的な〝できる理由〞を用意するのも重要ではないでしょうか。

何事も、気持ちと根拠の両方が必要です。メルセデス・ベンツ日本は「失敗してもいい」とはさすがにいいませんが、多くの上司は「失敗したらあとの面倒は見る」と思っています。**どんなに無謀に見えても、理にかなった根拠があれば、挑戦する価値がありますし、逆にいえば、根拠なき挑戦は、ビジネスではありません。**

二〇一四年に〈Sクラス〉の追加モデル〈S550プラグインハイブリッドロング〉の発表会をしたときのこと。広報から「ビキニのコンパニオンを登場させる」というイベントプランが出てきたとき、私はピンときませんでした。なんといっても一月で、ビキニには寒すぎる！　男性担当者ならいざしらず、広報の担当者は女性。ビキニのおねえさんが大好きというわけでもないでしょう。いぶかしむ私に、彼女はこう説明しました。

「ビキニのコンパニオンを配置したプールサイドでの発表会は、ダイムラー本社が先駆けて行っています。品がない、メルセデスらしくないってわけじゃないんです。それに上野さん、〈S550〉はまさにless is moreですよね？」

“less is more”とは、ダイムラー社が大切にしている考え方のひとつ。余計なものをそぎ落とし、シンプルであればあるほど美しいということです。新作のプラグインハイブリッド車はこの考え方を体現したものですが、なるほど、それはビキニのデザインにも通じるものがあります。

「そもそもビキニをデザインしたのは、機能性を重んじる自動車のエンジニアなんですって。知ってました？」

ようやく私にもわかりました。彼女はさまざまなことを調べ、しっかりした〝根拠〟を用意したうえで、「もう寒い一一月に、なぜビキニなの？」という話題づくりをしようとしていたのです。起承転結を考え、先の先の展開まで見越していることがわかり、「それなら、やろう！」となりました。

合理性のある理由や根拠を用意すること。これが疑問や反対意見が出てきたときのための理論武装にも、成功のための準備にもなります。

バンジージャンプは死なないための紐がついているから、勇気試しとして成立する。思いきったことをやるには、とことん用意周到でなければなりません。

「不調のときこそ思いきり冒険しよう」と発想を転換できるか

どこまでもまっすぐな一本道を気持ちよく走行し、目的地に着けたら最高です。しかしほとんどのルートにはカーブがあり、目標達成までのルートもしかり。大なり小なり「転」が待ち構えています。

アクシデント、不測の事態は当たり前。**実のところ「不測」というのは甘い言い訳で、何かしら起きることはすべて想定内であるはずです。**

何が起きても〝この状況下でできること〟を探し、精一杯やるしかない。目標に進んでいく途中で担当者が「難しいかもしれません」といってきたなら、私は「どうやればできるの？　お金がいるの？　人？　時間？　それとも別のアイデアが欲しいの？」とたたみかけます。「トラブルが起きた」とただ慌てたり、「もうダメだ」と投げてしまったらそこで終わり。何がどうダメなのか、〝ダメ〟を分析しなければゲームセットです。

分析した結果、本当にダメで、クローズしたほうがいいこともあります。最後の最後まであらん限りの手を打つし、可能性がある限りあきらめない私でも、「六〇対〇で負けている試合だけど、残り一分で逆転勝利するぞ！」とは考えません。「どう負けるか、どれだけ被害を小さく終わりにもっていけるか」という計算に入ることもあるのです。やはり気合いだけでなく、分析や計算をしたうえで計画を遂行しなければならないということでしょう。

さらにいえば、苦しくて不調なときは、冒険のチャンス。「このまま行ってもダメだな」というときは、一か八かで新しいことにチャレンジできます。逆にすべてが順調で「このまま進めれば確実にゴール」というとき、人は守りに入ります。確実な計画遂行が優先で、意外に思いきったことができないものです。

「不調だから思いきり行こう」という発想転換ができるかできないか。それが、どれだけ踏ん張れるかの人間力だと思います。

見落としがちですがもうひとつ覚えておきたいのは、曲がり角では、〝ダメ〟だけではなく〝自信〟も分析すべきだということ。

人は、うまくいっているとゆるみます。「いい数字で夏を越えた！　去年も目標達成できたし、今年も大丈夫だ」と社内が浮かれていたら私は意地悪く、**「きっと大丈夫って、きっとの根拠は何？　その自信はどこからくるの？」**と釘を刺すことにしています。

根拠なき〝大丈夫〟に浮かれると、いろいろなことが手薄になります。それまでは念には念を入れて一五本の電話をして状況を聞いていたのに、「まあ、一〇本くらい電話しておけば感触はつかめるな」となったら危険です。歯車が狂って状況が変わっているのを見落としてしまうのです。

「○○ホテルを押さえました！　すごい展示会ができますよ」と悦に入っていても、お客さまは入りません。「テレビＣＭが絶好調！」と喜んでいても、それで満足したら終わりです。

いくらうまくいっていても、盛り上がっていても、これまでどおり地道な基本もしっかりやる。ていねいなご案内をし、必要なら電話も入れる。顧客名簿をいつでも更新し、ダイレクトメールは転居先に届くように漏れをなくす。うっかり名前がダブっていて同じお客さまに同じ案内が二通届いてしまったら、どんなに豪華な印刷であっても「誰にでも適当に出してるんだな」と思われてゴミ箱行きです。

うまくいっているときほど、根拠なき〝大丈夫〟でほころびが広がることが怖いのです。「その大丈夫は、本当に大丈夫？」という確認は、ゆめゆめ怠ってはならない。私は自分にいいきかせています。

〝負け慣れる〟ことは簡単だが、いくら勝っても〝勝ち慣れる〟ことはない

達成しようと決めたことが達成できる満足感の深さは、何にも替えがたいものです。結果がどうなろうと、決めたことを完遂すれば、必ず次に活かせます。

だからこそ途中であきらめたら何ひとつ学べない。リタイアしたら、勝てないのはもちろん、負けることすらできません。せっかくの経験が消えてしまうようなものです。

だからリーダーは決して投げ出さずにあらゆる手を尽くし、「できることは全部やった。もう打つ手はゼロだ」というところまでやる姿を、みんなに見せなくてはなりません。さもなければ、社員に「いい仕事をしろ」といっても説得力がないでしょう。

起承転結をたどり、ストーリーの結末がうまくいった場合は、前述したとおり忘れること。成功の貯金はできないのですから、慢心せずに次にいきます。うまくいかなかった場合は、逆に「忘れて次にいく」ということはしません。やる前からどこかに失敗の原因があったはずだと考え、徹底追及することにしています。

公共バスの入札に参加したときのこと。競合他社に勝って十数台のメルセデスのバスが採用されたものの、予定していた利益が出なかったことがありました。儲けるためにやったのに、なぜそんな結果になったのか。原因を追及するのは最終的に「入札に参加しよう」と許可をした私の責任です。

ドイツからクルマを仕入れた金額は見積もりと同じなのに、どの部分のコストが高かったか、どの部分の計画が甘かったのか、工事費、人件費などを見直すように担当に命じました。「この見積もりで合意したのに、もっと高い金額の請求書にOKしたらダメだろう。約束の価格にしてもらうまで帰ってくるな」と、もう一度交渉させることもしました。儲け損ねたのが嫌なのではなく、「なあなあ」「まあいいか」がまかり通って、悪い前例ができてしまうことが怖いのです。

さらに原点に戻って、「どこで目標がずれてしまったのか」「なぜ食い違ってしまったのか」を追及することもあります。説明が足りなかったり、態度が悪かったりして信頼関係が壊れたのかもしれないし、充分な準備期間を与えずに半端な仕事をさせたことが原因かもしれません。プロセスはすべて組み合わせなので、どこでボタンをかけ違ったかは、次のためにきちんと確認しておく必要があります。

いくら勝っても〝勝ち慣れる〟ということはない。せいぜい勝ち方の手法のいくつかを覚えられる程度です。しかし〝負け慣れる〟のは簡単で、「しょうがないな」と流してしまうと、負けることが平気になってしまいます。

「起承転結」がたとえバッドエンドで終わっても、そのまま転んではいけません。

ビジネスに「数字のない物語」は存在しない

仕事では常に「**このお金の使用前・使用後**」をイメージすることにしています。

仮に私が社長室のアイボリーの壁を、ふと真っ白にしたくなったとします。壁の塗装にいくらかかるか、素人なのでさっぱりわかりません。それでも「白く塗りたい」

と思えば、その権限があるので発注することができます。

なぜ今のアイボリーではダメなのかといえば理由はないけれど、感覚的なもの。「会社のお金でできるんだから別にいい」と思い、仕事上の権限を自分の力だと勘違いしたら、かなり恐ろしいことです。壁が白くなって「なんかたいして変わらないな」と思い、請求書が来て「えっ、こんなにかかったの！」と驚きつつ「まあいいか」と判子を捺《お》したら、最悪の経営者でしょう。お金の使用前・使用後をちゃんと考えていないパターンです。

壁というたとえ話だと「当たり前だよね」とわかる話が、普通の仕事だとわからなくなるのが怖いところです。

たとえば、ある社員が新車のイベントを手がけるとします。タレントに出演を頼みたいというとき、自分が連絡してみる前に「とりあえず広告代理店さんを通じて交渉します」というのなら、彼は壁を白く塗ろうとしています。

「なぜ直接交渉しないんだ？」と聞けば、「ずっと代理店経由でやっていたから」という返事かもしれません。「代理店の手数料はわずか数パーセント」と思っているのかもしれません。しかし、一〇〇万円と二〇〇万円だったら金額は大違いです。直接交渉し、そのお金を別に回したら何ができるか、真剣に考えていない証拠でしょう。

こういう人は「タレントと契約する」ということが目的になってしまい、「なぜタレントを使うのか？」というそもそもの「起」のプロセスをすっとばしています。だから「承」の部分でも、目標を実現するための〝できる理由〟を探すのではなく、「タレントと契約するとき、手っ取り早いのは代理店に頼むことだ」と単なる手順に走るのです。

「メルセデス・ベンツ日本の○○ですけど、ちょっと相談があります」と代理店さんを呼んだ時点で、発注書も契約書もなくても、仕事を頼んだということ。相手は自分の会社の利益を出すべく、アイデアを具体的にしてくれますが、タダではありません。いろいろな提案に「はい、はい」といっている間も、お金はどんどん出ていきます。これではトラブルが起きた「転」で対処もできないし、いい「結」も迎えられません。

ビジネスに「数字がない物語」は存在しない。ストーリーには、最初から最後までお金がかかります。

「何のために」「いくら儲けるために」「何台売るために」やるのかやらないのか、「起」の目標設定の場合は必ず数字を意識する。

「経費がいくらかかるのか」「なぜこの金額が必要なのか」と「承」の部分でも数字を意識する。

トラブルが発生したらどれだけの損失か、「うまくいってるから任せておこう」と放っておいて経費が膨らんでいないか、「転」の部分でも数字のチェックを怠らない。

こうしてはじめて、幸せな「結」にたどり着けます。不幸な「結」はあってはならないことですが、仮にそうなったら「自分の愚かさで大金をドブに捨てた原因究明」を厳しくするしかないでしょう。

「一社員でも経営者感覚をもつべきだ」とよくいわれます。CMをつくる、タレントと契約するといった〝大きな案件〟なら上司のチェックも入るでしょうが、〝小さな案件〟は見てくれる人が誰もいないこともあります。それでもプロセスは同じ。常にお金がかかっています。

一人ひとりが数字の起承転結をきっちりと意識するのが、強い会社になる仕事のやり方であり、メルセデスな仕事のひとつにしたいと思います。

CHAPTER-4

Chapter-4

人は大切、効率も大切

メルセデスな組織

売れれば解決するわけじゃない。
体質改善しないとダメなんだ。

Mercedes Way

筋力あるチームに生まれ変わる方法

効率化はまず、座っていない椅子の撤去から

インポーター兼セールス兼マネージャー。なんでもやった商用車部門で学んだことは数知れず、三〇代最後の二年間は、二四時間仕事に没頭したといってもいい日々でした。

しかし、懸命だった商用車部門の「結」はバッドエンドでした。ドイツ本社の裁定で商用車部門は撤退し、三菱ふそうトラック・バスが参画することが決定したのです。「末永くおつきあいをお願いします」と地道に営業をし、信頼関係を築きつつあった運送業のお客さまたちに、わずか二年で手のひらを返して「もうトラックをやめます。

あとは三菱ふそうトラック・バスさんにお任せします」と伝えなければならない。

一軒一軒まわって頭を下げ、引き継ぎをしました。今後どうするかについては、ドイツ本社の商用車部門の人たち、三菱ふそうトラック・バスの社長など、トップの人たちともきちんと話をしたのである程度納得していましたが、商用車部門にいた四〇名ほどの部下たちは居場所を失います。全員は不可能としても、別の部門に移れるように駆け回ることになりました。

やってみろと商用車部門行きを命じ、ようやく立て直しを始めたら、今度は撤退しろという。私自身の転職も頭をよぎらなかったといったら嘘《うそ》になります。会社を飛び出して、新しいキャリアをスタートさせるというオプションもありました。

二〇〇五年三月、商用車部門が完全にクローズした数か月後、私はハワイにいました。メルセデス・ベンツ日本の社長に帯同して会議に出席したのですが、いまひとつ気が乗らない。それよりせっかくのハワイだからフリータイムは泳いでやろう。そんなことを考えていると、社長に海辺のバーに誘われました。

「トラックが終わってどうだ？」

当時の社長ハンス・テンペル氏は、ドイツの商用車部門のトップを経て日本に来た人で、私の悔しさをわかってくれていました。相槌《あいづち》を打ちながらも私は「泳ぎたいな。早く話が終わらないかな」と思っていました。しかし社長はさらに突っ込んだ話をしてきます。

そのころの私はいろいろな仕事をしていて、商用車部門の最後の数か月は販売店ネットワーク開発部門も兼務。名刺から商用車部門が外れたら、当時、合併により傘下にあったクライスラー販売店にかかわる業務も追加されていました。

いずれにしろ、私の扱いをどうしたものか、会社も思案していたのでしょう。社長はいろいろ聞いてきます。

「販売店ネットワーク開発部門はこれまでの仕事とまた違うだろう?」

販売店ネットワーク開発部門とは販売店の経営、契約、後継者問題、利益率や販売率、地域性など細かなことまでフォローするという役割でした。

「そうですね。トラッキングしていると、うまくいっている販売店とそうでないところがあります。まあ、順調じゃないのは全体的にいえることですが」

「たしかに今の日本は四万台前後で足踏みをしているし、全世界的にも苦しいところだな。抜本的な体制の見直しに取り組まなくちゃいけないだろう」

私はまた自分が任された部門の縮小をするのかと、いささか警戒していました。ところが社長は、もっと大きな規模の話をしているようです。

「幸か不幸か、君は商用車部門で規模の縮小から改編を始めて、最後は人員整理までやった。その経験を活かして人事部長をやらないか」

当時のダイムラー・クライスラー社は日本は日本内、アメリカならアメリカ内で人事マネジメントが完結しない、本社との〝縦割り〟のマネジメントシステムがありました。営業なら営業、広報なら広報の直属の上司がいますが、ドイツ本社にもまた上司がいて、部下はその上司にも主に人事面の指導を受けるという人材管理方式です。

私を人事部長に推してくれた社長だけでなく、本社の上司からも推薦されたと聞き、それならばと人事の兼務も引き受けることになりました。

人事はまったくの素人ですし、キャラにも合わないし、管理部門からして初めて。

「こんなにいろいろ覚えなきゃいけないのか！」と驚きながら、法律を勉強し、社会保険労務士（社労士）の人たちと話し、まず基礎を学ぶことから始めました。私は相当に単純で、どこに行かされても順応し、頑張ってしまう人間のようです。

人事部門は総務も一緒になった管理セクション。社員についてだけでなく、家賃交渉、社有車制度、なんでもやります。人の異動が激しい社内にもかかわらず人事部門だけは異動があまりなく、経験豊富な〝管理のプロ〟が揃《そろ》っていました。

人事全体の方針はドイツ本社に集約される仕組みのため、インド、中国、アメリカ、ドイツと各国の人事のスペシャリストと顔を合わせることも多く、多様なアイデアにふれて刺激を受けました。

外国人ばかりといえば、日本本社も同じです。日本の会社ではありますが、部門長以上のマネジメントクラスになると、日本人は私一人なのです。

「日本人はなぜ過剰な残業をするのか。仕事が多いのか、単に効率が悪いのか」という永遠の課題について議論が始まると、ドイツならこう、アメリカならこうと、外国人マネージャーたちは自分の国の経験をもとに、思い思いのことをいい出します。

「いやいや、日本にはこういうルールがあって」と説明しつつ、私は新たな方向性を探っていました。会社が生き残り、成長していくために、何をすべきか。会社全体を横断的に考えていくつもりでした。

「固定費を削らなくてはいけないのはわかる。でも、人員整理は最後にしよう。無駄をあぶり出して削ることを最優先にしよう」

冷静になって会社を見たとき、真っ先に始めたのは誰も座っていない椅子を撤去することでした。

人がいないのに席があるのは明らかに無駄です。「あいているから」とデスクをふたつ使いたくなるのが人情ですが、机まわりの経費が二倍。コンピューターまであれば電気代もばかになりません。そしてなにより、人をそこに座らせたくなる。つまり、余計な採用を生んでしまうということです。

周りを見渡してみると、什器《じゅうき》備品についても、たいして使わないものがふたつあったり、メール中心になって久しいのにファクスが何台もあったり、これまで目につかなかったことが気になり始めます。オフィス移転の検討といった大きなところから、備品ひとつの小さなところまで、人事部ではあらゆる改善点を探る経験を積むことになりました。

目標達成したからと、「問題の芽」を封印するな

クルマが売れないとなると、兼務の販売店業務にも真剣に目を配る必要があります。

「どうにも調子のよくない販売店さんは、どこがダメなのだろう？」

人事と販売店業務、異なるふたつの部門を見ていくなかで、共通点に気がつきました。

「売れれば解決するわけじゃない。体質改善をしないとダメなんだ」

販売店はある年伸び悩み、「問題があるのでは」と悩んでも、翌年売れて目標販売台数を達成すれば結果オーライにしてしまいます。

会社にしてもそれは同じで、伸び悩んでいる時期は「抜本的改革が必要だ」と悩むのですが、「とりあえず現状打破だ」と残業をし、多少の無理もして目標販売台数を達成すると、「まあ、頑張ればなんとかなるな！」と忘れてしまう。しかし、問題点は解決されないまま残っているので、やがてまたぶり返すのです。

メルセデス・ベンツ日本の体質改善をする。それには、椅子だけでなく人も動かさ

なくてはいけないことがわかりました。

私はいわゆるバブル世代で、新卒としてこの会社に入りました。それゆえに毎年人が入るのが当たり前と思っていたのかもしれません。「もっと売ればもっと雇える」という発想もあったでしょう。

しかし商用車部門に行くときは「これしか売れないから、この枠のなかで最大限に効率をよくしよう」と、六本木から鴨居《かもい》に移ったのです。人も大事、効率も大事だと。

社長をはじめ、上層部とも何度も話し合いました。そして出た結論は、「今のメルセデス・ベンツ日本の事業規模や売り上げに対して、人件費が高すぎる。業務を圧縮し、人を整理したほうが効率が上がる」というものでした。

「今三〇代が＊人、四〇代が＊人、五〇代が＊人で、平均給与は……」という人事的なマトリックスに従うのではなく、抜本的な制度の見直しをしたうえで人の整理をしようと決めました。

私に課せられた「タスク！」は人を減らすことではなく、この会社を戦う集団として継続させるために、体制を整え直すこと。それには、縮小しながら設計し直すしかない。

「人＝人件費」ではありません。「人×給与＝人件費」であり、減給は人を減らさずに固定費を削減するオーソドックスな手法。今のままでは繰り返し同じ問題が起こるのは必須なので人事制度を見直し、右肩上がりに給料が上がるのではなく能力給に変更しました。また、給与振込や総務的な事務作業も外部にアウトソーシングし、コストカット。これは総務も兼ねている人事部自ら縮小するということでしたが、会社全体を縮小するなら当然です。

人の整理は大変な責任ですし、きれいごとばかりではありません。人事のプロたちも経験がないことで、全員手探り。社労士に相談しながら着手しました。

会社の将来性の損害と、人の将来と気持ちの損害。いかなる損害も最小限にしつつ、最大限に効率のいい組織にする。これが私が目指すゴールでしたが、この仕事では決して〝成功のストーリー〟は描けないとわかりました。この状況下で〝やるべきこと〟は見えてきたし、起承転結に沿って絶対にゴールまで完走する。しかし、「結」を迎えても「うまくやった」という気にはなれない。達成感は得られない――。

使命感といったら大げさですが、やり抜くしかありません。全社員を路頭に迷わせるより、企業として存続していく。**単にスリム化するのではなく、次の一歩を踏み出**

すために、強くなる。私はそう決心していました。

人事のプロとはかみ合わないこともたくさんありました。「この人は残したい、この人は今の会社のスピード感とはズレが生じているかも」と思いはいろいろあります。会社の発展を担う人材がこれを機に去ったら大損失です。しかし、人事という立場で考えれば、希望退職という仕組みをきちんと遂行する必要がありました。「希望者を募ると、デキる人から辞めていく」というのは本当で、すっと転職した人もいます。「気持ちよく整理される」などありえませんし、人員整理のお声がけをした人たちは、昔から一緒にやってきた元同僚、元先輩、元部下。再就職サポートの仕組みをつくって敢行しましたが不本意だという人もいて、お互いに苦い思いを味わいました。

唯一救われるのは「俺もいい年だから、後輩に道を譲るよ」と理解を示してくださった元上司や元同僚がいたこと。ありがたいことにご縁が続いて、辞めてもなお、おつきあいがある人もたくさんいます。

予想どおり、ゴールをしても達成感はありませんでした。そのかわりに私は「状況を受け入れる」ということを学びました。ハッピーエンドは不可能で、あきらめなければならないこともある。しかし、ギブアップしたのではなく、状況を受け入れて態勢を整えるのであれば、いつかまた、巻き返すチャンスがあります。

「採用」の前に「活用」できているか考える

人員整理の経験から人の重みは身に染みている私は、人事を離れて社長になってからも、採用に慎重です。「枠があるから人を採る」という発想はありません。

採用は慎重かつ計画的にすべきもの。**「〇〇さんが辞めてポストがあいたから代わりを採りたい」というとき、「本当に後釜をつくる必要があるのか？」と一度は考えたいのです。**これは社内でも意見が分かれるところですが、固定の採用枠など存在しないと思っています。

新卒はインターンを経て通常の面接で採用していますが、中途だと迎える側の思惑がより色濃く出てきます。「こんなにすごい人がいて、ぜひともわが社に迎えたい」という気持ちもわかりますが、少し冷静に「その人を呼ばないとダメなのか？ 今のチームワークじゃできないのか？」と問うてみるワンステップを加えたいのです。

右肩上がりではない時代、大切なのは採用よりも活用。リーダーはチームを最大限に活用できて一人前です。貢献度が五〇パーセントの人を二人抱えていて、新たに八〇パーセントの人を一人連れてきても、一人あたり六〇パーセントのパフォーマンスにしかなりません。それなら、新しく採用せずに、二人のまま一人九〇パーセントの貢献度に上げたほうが、効率もいいし結果も出るはずです。


今いる人をもっと活用しようと、社内の人材を抜擢《ばってき》することもあります。私が人を選ぶときは感覚的な要素が強いのですが、本人の意欲は大切です。

「やってみたい」ではなく「絶対これを成功させてみせます」という気持ちがある人には、ぜひ挑戦してほしい。単なる熱意では精神論になってしまうので、何がやりたいか、どうしてやりたいかを具体的に聞きます。それでできるかできないかボーダーだと判断すれば、「やってみろ！」といいたいのです。失敗したら責任を取るのがリーダーの仕事なのですから。

その点、新人は大きなことができないぶん、たいていのことが挑戦であり、たいていはカバーできるので挑戦させます。

社内で「この人に任せたい。上司の私が責任をもちます！」と誰かが強く推薦してきたら、やはり挑戦してもらいます。推薦に値すると判断する人がいるのなら、その眼力を信じてみるのです。

間違っていることもありますが、眼力が完璧でないのは私も同じ。やってみればいいと思っています。

やる気も能力も、人の〝本性〟は普段の行動が物語る

本人の意欲が重要なのはいうまでもありませんが、「意欲はあるけれど、性格的に合うだろうか」と考えてみることは大事なことです。芯は強いが不器用でうまく表現できないという人はいいのですが、威勢がいいけれど根っこが弱い人は、途中で自爆してしまいかねません。

トラブルを事前に回避するのもリーダーの仕事のうち。人の特性を見抜くことは難

しいからこそ、大切なのは観察だと思っています。

販売店ネットワーク開発部門のころ、社員十数人で富士山に登ったことがあります。八月の週末、夜中に集合して登り始め、日が昇ると快晴でした。

私は登ると決まった時点でいろいろ調べ、「誰かアウトドア関係にくわしい人はいない？」と情報収集してショップへ。お店の人に相談しながら履き心地もデザインもいい登山靴を買い、ライトとランプを買い、ついでに酸素まで買ってリュックに入れて臨みました。

一方で普段着に街用のスニーカーで来ている人もいます。私は仕事でも格好から入るタイプで、なんでも準備はきっちりやりたい性格。スニーカーで山に臨もうという人は仕事でも逆のタイプだったりします。**人の特性は日常に表れるのです。**

夏の富士山は命懸けの山というわけではありませんが、空気が薄くなり、疲れてくると、さらに素になってくるのでしょう。いつもていねいな人の顔がけわしくなったりします。足の遅い人、体力のない人、普通の人。「もう登れましぇーん」と遅れる人をサポートする人は、仕事でもサポート役。「のろいヤツを待っていても仕方ない」という人は普段もそうです。実は自分がへとへとで、もう登れないという状態なのに、それをまわりに気づかれたくなくて、わざわざいちばん後ろの人の横に行って助けているフリをする人もいます。

無事登頂し、メルセデス・ベンツのバナーを掲げて記念撮影。帰りは日帰り温泉にみんなで入り、「いやあー気持ちよかった！」と新幹線で爆睡して帰りました。

あれは単なる楽しいイベントでしたが、一時期ブランドアンバサダーをお願いしていた有名な登山家の方から「山は本性が出る」と聞いたことを思い出しました。

「危険な山だと自己判断のミスひとつで死んでしまうかもしれないし、一緒にいる人を殺してしまうかもしれない。その緊張感のなか、体力的にも精神的にも極限になると、その人の本性が出る」

いつも山に登るわけにはいきませんが、人を選ぶときには、日頃の態度を見ることも大切です。能力もやる気も特性も、ふとした瞬間に表れるのですから。

異質な経験をもつ「新参者」の着眼点を活かせ

「性格は変えられないけれど、やる仕事は変えられる」

私はそう信じていて、さまざまな仕事を経験することを重視しています。

メルセデス・ベンツ日本に新卒として入った場合、三年間でさまざまな経験をして一人前にするというのが今の教育制度です。

私の時代と打って変わってかなりしっかりしたもので、最初の半年は配属部署で教育を受け、その後は二～三の部署で各三か月業務を経験。そのうち一回は海外の同じ部署か関連部署に行くことになります。

中堅になっても、部署異動や配置換えが非常に多くあります。メルセデス・ベンツ日本には〈オープンポスト〉という仕組みがあり、同じ部署に三年から五年いたら別の部署に移って別の経験をすることを推奨しています。

クルマというプロダクトのワンサイクルはおよそ七年ですが、人間も赤ちゃんが七歳になれば、相当に成長しています。中間地点の三年半でも、その部署のある程度のことは理解できるはず。そうしたら次の部署で新しい経験を積むタイミングというわけです。

「上野さんは営業部門、広報部、新事業開発、トラック部門、人事部、さまざまな分野で経験を積んでいる。メルセデス・ベンツ日本のセールスとマーケティングを束ねる副社長にふさわしい立場と経験がある」

二〇〇七年、副社長に推薦してくれた人にこういわれたとき、私自身〈オープンポスト〉に育てられたと感じました。私の若い時分には制度化こそされていなかったものの、さまざまな業務を経験したことは、物事をいろいろな側面から見る目を養ってくれた気がします。

そのときの秘書の言葉が今でも忘れられません。「俺にできるかなあ」とぽつりといった私に、彼女はすぱっといいました。

「格が人をつくるから大丈夫ですよ」

内心「このおねえさん、すごいことというな」と思いましたが、同時に背中を押された気がしました。もし「上野には無理だ」と思われていたなら、声はかからなかったはず。ポジションを与えられたとは、ふさわしいかどうかは別として「無理ではない」と見なされたということ。だったら飛び込んで経験して味わってみればいい。無理でないならふさわしく成長できるように頑張るだけです。

今は人に声をかける立場になりましたが、やはり無理だと思う人には挑戦はさせないし、「芽が出ないな」と思ったら、根性論で追い込むこともしません。逆に能力がある人、上り調子の人にはもっともっとチャレンジしてほしいから、凄まじいまでのプレッシャーを与えることもあります。

自分を大きく見せる必要はないけれど、人生はかがんで行くより、背伸びして歩いたほうがいい。そう思っているからです。

メルセデス・ベンツ日本では、認められれば三〇歳前後で課長昇進試験が受けられますし、〈オープンポスト〉も受け身ではなく、社内公募に応募することも可能です。積極的な人だと、行きたい部門の責任者に直接話をして、ポストをもらうこともあります。

たとえば〈メルセデス・ベンツ コネクション〉立ち上げの中心メンバーだった社

員は技術部出身。彼の場合、ダイムラーをはじめとするヨーロッパ二五社が出資しているビジネススクールにＭＢＡ留学をしていたこともあり、人より長く技術部にいたのですが、その後自ら志願して一八〇度毛色が違う〈コネクション〉へ異動しました。留学も、自分から「やりたい！」と手を挙げた数人のなかから選ばれています。今はまたまったく違う文化の営業推進部にいますが、いずれまた異動するでしょう。

畑違いでも意欲と力があればやらせてみる。異質な経験をもつ〝新参者〟なら、ずっとその部署にいる人にはわからない着眼点をもっています。サービスとして理屈抜きで考えたほうがいい場面、数字を理詰めで考えたほうがいい場面、ビジネスにはいろいろな場面がありますし、能力を活かすためには、いろいろな局面から物事を見ることも大切です。もちろん、部署を異動しただけで出世できるという話ではなく、肝心なのはそこで何をするか。

能力がある人にはいろいろな部署でさまざまな知識や多様な経験を蓄積してもらい、大いに視点を養ってほしい。たとえ数年であっても、経験しているのとしていないのとでは大きく違います。

あいまいなのはフェアじゃない

AなのかBなのか、あるいはCなのか。白黒つけないあいまいな評価は諸悪の根源です。

部下を査定する際、「あなたはBです」といえなくて、「Bプラスかな。ほとんどAに近いんだけどAまでいかないBプラスなんだよ」と、本来ないはずのプラスをつけてしまうリーダーがいますが、はっきりBだといったほうが、よほど部下のためになります。相手が「そっか、私はBといってもAに近いんだから頑張ってるってことだよね」と勘違いしたら、いつかAに成長する機会は奪われてしまいます。

人事評価の仕組みで、もうひとつの悪は相対評価。

「今年は君も頑張った。でも○○君も頑張ってるから、そのぶんは我慢してくれ」

そんなことをしたら、腐る人が出てきます。「うちの部にはホープの○○君がいるから」とあきらめてしまうでしょう。

「○○さんはもうここに来て二年か。そろそろグレードを上げてやろう」とまんべんなくみんなを上げるのも、時代に逆行する人事評価。子どものお年玉の金額を、親戚同士で決めているわけではないのです。こうした積み重ねで五年、一〇年たつと、人員整理をしなければならない、膨らんだ組織ができてしまいます。

仮に部下が五人いるとして、白黒はっきりさせずに五人横並びの評価にしたら、五人から不満が出ます。人が集まる以上、不満をいう人は絶対にいるし、不公平感を抱く人も絶対に出ます。

私たちは公平組織運営委員会ではなく会社組織。人としての優劣を決めているのではなく、ビジネスの役割分担なのですから、一人、二人の不満は受け流して、自分が信じるまっすぐな評価をしたほうがいいのです。

「どの部下も優秀だから、甲乙つけがたくて困る」というリーダーもいますが、それなら一人減らせばいい。優秀な部下を困っている部署に進呈すれば喜ばれるし、その部下は違う経験をしてさらに優秀になるかもしれません。評価は難しいのですから、悩むのは当たり前。**どうせ悩むなら、あいまいな評価より研ぎすまされた評価をしたほうがいいと思うのです。**

どんなに研ぎすましても、「自分の能力が正当に評価されていない」と思う部下が出るものだし、能力の対価である給与が少なすぎると転職する部下がいるのも自然なこと。最終的に決めるのは本人であり、他人が中途半端な〝調整〟をしても役に立ちません。

面と向かってはっきりいえないのは世代的なものでベテランだけかと思えば、若手の社員も横並びを好む気がします。

私は入社一年目、二年目の社員と行動を共にすることがありますが、たいてい語学ができる優等生タイプ。同期はみんな仲がよく、ギラギラしている人はほとんどいません。しかし、会社では一人ひとり期待されることも違うし実力も違い、三〇代までに頭角を現す人とそうでない人の差は明らかになります。助走期間である二〇代はもっと貪欲になり、自分の立ち位置を模索してもいい。どこかに競争原理が働いているほうが、組織は活性化されるのではないでしょうか。

いずれにしろ、**「自分の意見を主張しないのはフェアではない」**というのが私の持論です。家族の間では「まあ、どっちでもいいんじゃないのかな〜」とわけのわからないあいまいさを発揮することもありますが、ビジネスでは、ダメなものはダメ、いいものはいいというのが鉄則です。

従業員の満足度、ディーラーの満足度、顧客満足度。日本人の評価というのはどれもあいまいで、いうなれば感覚評価です。そこから本当の答えを見抜くことも、人事評価同様に大切だと思います。

部下を引き上げるのが上司の仕事

叱り飛ばしても甘やかしても、上司の〝勝ち〟はそこにない

「あれっ。なんか今日、風が強くない？　びゅーびゅー風が吹いてるなあ。これってもしかして課長風ってやつですか。部長風でしたっけ？　部長風びゅーびゅー！」

子どもっぽいかもしれませんが、私はときおり、冗談めかしてこういいます。リーダーになりたての人が急にいばってしまい、部下がうんざりしているようなとき、サラッと注意したい。あまり深刻にしたくないのです。

別室に呼び出してシリアスに、「部長になったからって、いきなり高圧的になったらおかしいぞ。パワハラだといわれかねないよ」と正面から注意するのがいいのか、それとも冗談ぽく、みんなの前でネタにしたほうがいいのか。

やり方は人それぞれで私が後者だというだけですが、リーダー本人は「あっ、しまった」と思うし、わだかまりを抱えていた部下も「ほら、社長にいわれたよ」とすっきりして一石二鳥ではないでしょうか。

組織に上下関係はあるし、指示や命令系統は明確であるべきです。しかし関係の大本は、あくまでも人間対人間。ポジションが上がるほど謙虚にならなければいけないと、自分自身にもいいきかせるようにしています。

上司の最大の仕事は部下を育てること。それで給料の何割かをもらっています。人を育てるという義務を果たしてはじめて、マネジメントする権利が与えられます。義務を果たさずに、マネジメントという権利を自由に使おうなど、おかしなことです。

スーパースターが入社してきた場合は別なのかもしれませんが、若い人を預かったら、将来その人の芽が出るか出ないかは上司次第ではないでしょうか。

私は、社員を常に観察しています。見ているだけでわからなければ、話をします。しばらくしゃべっていると、ビッグマウスなのか、控えめなのか、こちらの話をまったく理解しないのかわかってきます。ときには怒ったり注意したりほめたりして、リアクションを経験値としてストックします。自分なりにその人のキャラクターを考え、人に応じて接し方をがらっと変えることもよくあります。

「この人は厳しく叱り飛ばしても大丈夫」と思えば、至近距離なのに全力で豪速球を投げるような激しいキャッチボールを。「ハキハキしていても根っこは打たれ弱いな」と思えば、やさしく諭すような言い方をします。**いずれにしろ大切なのは、相手を打ち負かしても意味がないということ。**

「正しい・間違っている」だけでは、仕事はできません。ダメなものをダメだと叱りつけることはもちろんありますし、必要なことだと思いますが、「ほら見たことか」と罵倒し、「俺が正しくておまえが間違っていたじゃないか」と勝ち誇るのはまったく無意味なことです。

上司のゴールは、部下の力を引き出して目標を達成すること。いくら上司の言い分が正しくても、部下がいじけて頑張るのをやめてしまったら上司の負け。それに連鎖して販売店が動いてくれなくても上司の負け。お客さまがメルセデスを選んでくださらなかったら会社の負けです。**部下でも販売店でもお客さまでも、相手に気持ちよく動いてもらうこと。上司の〝勝ち〟はそこにしかありません。**気持ちよく動かすといっても、やさしい言葉に甘えて部下が頑張らず、力を最大限に発揮できなくても、やはり上司の負けとなります。


マネージャーになり、ベテランになると、「これがゴールだ」と思うのか、成長が止まってしまう人もいます。

「昔はすごかったのに今は落ち着いちゃったな」といわれるのは、もったいない。「年だからガツガツいくのはやめたよ」と自ら守りに入るなど、とんでもない。一〇年前と同じ意識、同じアウトプットができなくなったら、ステップダウンという選択肢もあるのです。「俺はもう年だからできない」というのなら、そのあとには「だからマネージャー職を若手に譲りたい」という言葉を付け加えることもできます。ビジネスはスポーツではない。五〇メートル全力で走って、一〇年前より遅くなるのとはわけが違う。リーダーになっても常に前を見て、上を目指してほしいのです。

この姿勢は制度改革ではどうにもならないので、一人ひとりが意識改革をするしかありません。ルールは人につくってもらうものではなく、自分でつくるものだということでしょう。

モチベーションを自然にわかせるいちばん簡単な方法

メルセデス・ベンツ日本では、日本仕様の車両の商品企画のみならず、さまざまな商品の企画開発をしています。車両のアクセサリーやTシャツ、キーホルダーから、ゴルフ用品、ペット用品などもありますし、子会社のメルセデス・ベンツ・ファイナンスによるファイナンス商品も開発しています。

社内から上がってきた企画がいまひとつはじけていない、と感じたとき、「だったら俺も考えるよ」と私も開発に参加することがあります。

小さなトランクスペースにぴったりくるゴルフバッグをゴルフメーカーとコラボしてつくったり、襟がよれないポロシャツをつくったりしました。

実際に取り組み始めると、その商品はお客さまのニーズと合致しているか、つくり手の自己満足になっていないか、それを考えることになります。

自分でやってみると、商品開発の苦労や大変さがよくわかりました。売れるものもあるし売れないものもあるけれど、自分でつくったら「どう売るか」と俄然《がぜん》やる気になるし、必死にもなります。売れなければ「なんで売れない?」と考えをめぐらせ、次こそは、と反省もするのです。

リーダーは部下をやる気にさせなければならない、モチベーションアップのために、企業はインセンティブを工夫しろといわれています。**しかし、いちばん簡単なのは当事者にすること。自分発なら、人は自然に頑張れます。**

「そうはいっても若い人は淡々としていてやる気があるのかないのかわからない」という話も耳にしますが、やる気は人に見せるものではありません。

私もやる気はあるし、根性もあるつもりですが、人に見せようとは思いません。自分の内側で感じていればそれでいいのです。

頑張っているオーラもいらないし、冷めた顔をする必要もない。普通の顔で、きちんとやるべきことをする。それがお互いにわかっていれば、無用な精神論なしに上司は部下を引っ張っていけるのではないでしょうか。

組織も人も、頭だけでもダメ、口だけでもダメ、手だけでもダメ。システムの改革も必要です。そして最終的には、**相手との距離や関係性を推し量れる一人ひとりのセンスが、筋肉質で伸びしろのある組織をつくりあげていく**と思うのです。

CHAPTER-5

Chapter-5

王道なのにポップ

メルセデスなひとひねり

効率的にこなすべきことはたくさんありますが、
すべてが効率優先ではない。
心をこめた手紙を書くひと手間を惜しんで、
いいことはひとつもないのです。

そこに“something special”はあるか？

小学生から届いたお便りに「書類」では返さない

ゴルフが好きな人なら、ゴルフに行くのはただそれだけで楽しい。しかし早朝に出発するのがしんどいのなら、思いきって前日から泊まりがけのイベントを計画すると、もっと楽しくなります。プレイ前夜はみんなで食事をし、酒を酌み交わし、「明日は頑張るぞ、楽しみだね」とワクワクしながら眠る。そんなゴルフはいつものゴルフとほんの少し違うはずです。

やっていることの差は、ほんの少し。それでも、やるとやらないとで大きな違いを生み出すひとひねり。英語でいえば“something special”です。

メルセデスはいつも"something special"を提供する集団でありたいと思います。こうしたら面白い、ああやったら人が喜ぶ、この工夫でびっくりさせたいと考えるのは私にとって常に楽しいことであり、企業としても大いにやっていきたいことでもあります。

"something special"はメディア戦略や顧客サービスにも活かせますし、日々の仕事のなかでも、社員や販売店など、ほんのひとひねりで身近な人を喜ばせる工夫は大切です。自分たちも喜びにあふれる豊かなライフスタイルを送っていてこそメルセデスな人になれるし、メルセデスな人をつくっていけるのですから。

"something special"は、思いやり、おもてなしにも通じます。相手の立場に立って考えなければ相手を喜ばせることはできません。ひとりよがりでは相手にぴったりの"ひとひねり"にならないのです。

先日広報から、一枚の書類を見せられました。都内の小学生から「自動車について調べているのでメルセデス・ベンツについて教えてください」と手紙が来たので、返事を書いたのだといいます。グループ学習の自由研究か何からしく、「一台のクルマをつくるのにどれぐらい日数がかかりますか？」といった質問がびっしり書かれており、切手を貼った返信用封筒が同封されていたそうです。これはもう、ちゃんとした返事を書かねばならないでしょう。

広報の用意した返信は、読んでみれば手紙だとわかります。質問についての答えは、小学生にもわかるようにやさしい言葉で書いてあります。**しかし、ぱっと見たとき、私は「これは書類だ」と思いました。**Ａ４のコピー用紙にビジネスレターと同じフォントできっちりまとめてあったら、小学生の第一印象はどうでしょう？

私は広報に修正を頼みました。もっと行間をあけて、一枚じゃなく三枚ぐらいになるように。文字を大きく、子どもが親しみやすい丸みを帯びた書体に変えるように。文章を変える必要はないけれど、差出人として書かれていた小学生の名前を、間にいくつか挿入してほしいともリクエストしました。

特別難しいことではありません。「メルセデス・ベンツの生産には約一週間かかります」ではなく、「○○君はびっくりするかもしれませんが、メルセデス・ベンツの生産にはおよそ一週間かかります」といったシンプルな変更です。

ちょっとしたことですが、一枚にまとまった小さな文字の文書より、同じ印刷でも大きく丸い文字で何枚かになっていたほうが、子どもには読みやすい。さらに「○○君」と自分の名前が入っていたら、ささやかな特別感が生まれます。このひとひねりで小学生たちは、「メルセデス・ベンツは自分たちを真剣に扱ってくれた」と思ってくれるかもしれないのです。

私はカスタマーデスクにいたこともありますが、ご不満の声やご要望に対してお詫《わ》びの手紙を差し上げる際、「今回は誠に申し訳ありませんでした」という手紙は、さらなるトラブルのもとでした。どんなにていねいな言葉でも、棒読みしているようなコピー&ペースト感が出ている手紙だと、許していただくどころかさらなるご不満につながってしまうのです。

効率的にこなすべきことはたくさんありますが、すべてが効率優先ではない。心をこめた手紙を書くひと手間を惜しんで、いいことはひとつもないのです。

私も息子がいるのでわかりますが、小学生でも高学年になると大人びてきます。もしかしたら「こんな手紙で喜ぶほどガキじゃないよ」とクールな反応かもしれませんが、それはそれでかまいません。子どもたちを教える先生が見てくれれば、企業としての姿勢が伝わると思うし、それもメルセデスが新しいお客さまに出会えたということ。万にひとつかもしれませんが、小学生の一人が「メルセデス・ベンツっていいな」と思い、将来乗ってくれるという夢も広がります。

なにより、やる側も楽しいのが"something special"のいいところ。その証拠に、面倒くさい社長のリクエストにもかかわらず、いつも厳しい広報担当者が笑顔で修正してくれました。

〈WANTEDキャンペーン〉はコロンブスの卵

アイデアを出すとは、ゼロから何かを生み出すことだけではありません。発想の転換で、同じものが違うものとして輝くこともある。変わらずに変わることができるのです。

自動車離れとリーマンショックの余韻で伸び悩み、さまざまなメディア戦略を考えていた二〇一二年。メルセデス・ベンツ日本は異例のキャンペーンを行いました。〈WANTEDキャンペーン〉新しく購入してくださるお客さまだけではなく、すでにオーナーとなっている方を〝捜す〟という取り組みです。

新車購入の際、三年間は走行距離無制限で点検・修理・メンテナンスを無償で行うという〈メルセデス・ケア〉は世界でも珍しいサービスだと好評でしたが、問題は三年を過ぎたあと。「メルセデスの整備は高いんじゃないか」と思ったり億劫《おっくう》だったりするのか、多くのお客さまが別の整備工場に行ってしまいます。サービスクーポンをつけ、メルセデスのよさを思い出していただこうと呼びかけました。

〈メルセデス・ベンツ コネクション〉やメディア戦略が、新しいアイデアだったとすれば、〈WANTEDキャンペーン〉はコロンブスの卵のようなアイデアだったと思います。うまくいっていないときだから、思いきったことが試せた実例でもあります。


一般に、アフターセールス部門はあまり目立たないものです。当時の私は副社長としてマーケティングとセールス部門を束ねていましたが、以前からアフターセールスとセールスのちょっとした対立関係のようなものを感じていました。

「俺たちは〝アフター〟なんだぞ。営業が先にちゃんとクルマを売らなければ、仕事ができない。セールスのせいでアフターセールスの売り上げも下がっている！」

アフターセールス部門のトップに責められたのは、売り上げが伸びない苦しい時期。たしかにそのとおりなので、私も最初は頭を下げていたのですが、あるとき、役員会で聞いてしまいました。

「じゃあ、アフターセールスは自分たちで売り上げを立てる努力をしないのですか？」

しかし、社内で争っていても不毛です。一緒に何かやるしかありません。そして生まれたのが〈WANTEDキャンペーン〉。反対もありましたが、反響もありました。打つ手は考えさえすればたくさんある。「こんなことをやってもいいんだ！」と思ったとき、社員たちもハッとしたようです。

当時はアフターセールスの〝商品〟である延長保証の売れ行きも芳しくなかったのですが、「単独サービスとして売るのではなく、セールスの段階で注文書に組み込んでしまえばいい。不要だとおっしゃるお客さまのぶんだけ外すようにしよう」と決めたら、飛躍的に伸びました。ささいなことですが、セールスとアフターセールスが業務の相互乗り入れをすることで改善されたのです。

メルセデスなひとひねりとは、発想の転換でもあります。

非公開の整備工場が「観光スポット」に生まれ変わる!?

コロンブスの卵はほかにもあります。現在、新車整備工場は日立と豊橋の二拠点。前述のとおり豊橋からは一度撤退し、東日本大震災を経て、再度迎え入れてもらいました。

震災時の豊橋工場再開は緊急処置であり、業務自体は日立が復旧したあとは日立だけでまかなうことも可能でしたが、一拠点では何かあったときのリスクヘッジができない。

また、一拠点だけだと七日制のシフトを組まねばならず、働く人の休日パターンが家族とずれてしまいます。「社員のライフスタイルが大事だ」といっている企業が、土日に一緒に遊べないお父さん、お母さんをつくるのはよろしくないでしょう。もうひとつ、これはうれしい悲鳴ですが、好調な販売台数の伸びに比例して新車整備工場はフル稼働になっていました。豊橋工場が継続して整備をすれば、「もっとクルマが売れても大丈夫！」という体制ができます。

なにより震災のときに快く出迎えてくださった豊橋市長への感謝もあって、二〇一四年に、豊橋工場を正式再開しました。

こちらのわがままともいえる、震災時の緊急処置を快くOKしてくれた豊橋市長は、豊橋工場の正式再開を打診したとき、「出戻りですが……」といった私にこういってくださいました。

「上野さん、出戻りじゃないですよ。メルセデス・ベンツは〝帰ってきた相棒〟です」

思わず胸が熱くなる、うれしい言葉。相棒とまでいっていただいたからには、ただ再開するだけでなく、何かの形で豊橋にお返しがしたい。何かひとひねり、感謝の気持ちをお伝えできる方法が欲しい。そこで二〇一四年一〇月、豊橋の新車整備工場のなかに、納車を行う施設〈デリバリーコーナー〉をつくりました。

日本では珍しいことですが、ドイツのジンデルフィンゲンの工場にはカスタマーセンターがあり、ヨーロッパの人にとって、そこまで新車を自分で取りに行くのがメルセデスを受け取る際の伝統的な選択肢のひとつです。

日本ではナンバープレートの封印作業が陸運支局で行われるため、長年、工場からの直接納車はできませんでした。しかし規制緩和によって、豊橋市では我々インポーターも封印取付代行者として認められたため、お客さまに整備したての新車をお渡しできるようになったのです。

せっかく新しいことができるのだからと、一〇月にはメディアを呼び、〈デリバリーコーナー〉を披露しました。これまでメディアは立ち入り禁止、行政以外は非公開だった新車整備工場に、思いきって見学ツアーを入れることにしました。

ブランドヒストリーや安全性についてのメルセデスの考えをお話しし、近づいてもわからないくらいの傷までチェックをして直すという、一連の丹念な作業を見ていただく。それでまた新たなファンづくりができますし、いずれ観光スポットのひとつになれば、豊橋市に恩返しもできるでしょう。

大手旅行会社に呼びかけ、新車整備工場を見て、ホテルのランチビュッフェを楽しんで、豊橋名産のちくわづくり体験をしてもらうバスツアーも企画しました。ちょっとした工夫で、ぐっと前に乗り出す人たちを、少しでも増やしていけます。

頑固さが「らしさ」をブランド化する

相手を思いやり、ひとひねりをして楽しませる姿勢はなくしたくありませんが、おもねることはしたくありません。「ここは譲れない」という頑固さがなければ、ブランドの価値を守っていけないのです。譲れない部分とはプライドの話でもなんでもなく、安全、性能、デザインといったクルマのベーシックです。

二〇代半ば、輸入車ショーで全国を回っていたころのこと。二人乗りのオープンカー〈SL〉はハードトップでしたが、現在のような収納式でなく、蓋のように外れるモデルでした。展示会ではカッコよく上を外したい。しかし、外したハードトップの置き場に困ります。やむをえず気泡緩衝材に包んで置いていたのですが、お客さまも困っているだろうと思いました。そこでハードトップ専用の、下に車輪がついているスタンドを製作しました。たいした数は売れなかったと思いますが、〈SL〉のオーナーには喜んでいただきました。

そんな古い話を思い出したのは、〈Bクラス〉のトランクの話をしていたときのこと。車体が小ぶりなために、ゴルフバッグを斜めにしないと入らない。トランクの壁に立てかけている状態になります。

クラブやドライバーを大事にしているゴルファーであれば、「バッグ越しとはいえドライバーが不安定な状態でトランクの内壁に当たっていたら、振動で傷がつくかもしれない」と気になるはずです。私自身、結構なゴルフ好きなので気になります。

そこで〈Bクラス〉専用アクセサリーとして、トランクのなかに斜めにゴルフバッグを固定するL字型の器具をつくることにしました。隙間には鞄《かばん》を入れるスペースもできます。高く売れるものでもなく、まさにひとひねりですが、工夫して、考えて、ちょっとした便宜を図る。それで「ぴったり収まっていいね！」とお客さまにいっていただけるのがうれしいのです。

期待をほんの少し上回る驚きを加味し、お客さまの要望に応えることはメルセデスの楽しみですが、常に、とは限りません。**それがメルセデスのポリシーに合致しているか、常にそれが大前提です。**

ある販売店会議の際、ゴルフ好きのお客さまから、Eクラスカブリオレ（オープンカー）についてリクエストがあるという話が出ました。

「カブリオレにはゴルフバッグがひとつしか積めないので、ふたつ積めるように後ろのシートが可動式のものをつくってほしい。他社の同じような大きさのクルマにもその仕様があるから、できるはずだ」

私は「それはできません」とお答えしました。躯体《くたい》がないカブリオレは、シートバックに鋼板を入れてリアの剛性を出しています。そこを変えてトランクスルーにすれば、安全性を阻害する危険があります。

私は単純に「できない」というのは嫌いですが、確固たる理由があるのに「できる」といってしまうのは明らかに間違いです。軽やかに乗るカブリオレに、大きな荷物は似合わない。〝らしさ〟を損なうのなら、別のクルマをご提案するのもメルセデスらしさでしょう。

安全性とデザインと技術については決して妥協しない。積み重ねてきた根拠あるポリシーがなければ、この姿勢は貫けません。

もっと楽しめる方法は？
もっと好きになってもらえる方法は？

愛され続けるブランドになるには

二〇一四年二月六日、二〇一三年度のメルセデス・ベンツ日本販売店表彰式と懇親会が舞浜アンフィシアターで開催されました。

二年連続でマーケット・オブ・ザ・イヤーを受賞し、過去最高記録である新車登録台数五万三七二〇台を達成した年の特別な会。さらなる高みを目指す「二〇一四年には六万台！」という目標に向かって心をひとつにする会。

どうせやるなら、最善でなければ意味がない。メルセデスの“something special”で楽しませようと心に決めていました。

これまでもずっと、一年の感謝をこめた販売店の成果に対する表彰式は行われていましたが、ホテルの宴会場で着席式で行うオーソドックスなもの。現場の方は表彰対象者のみ、列席者はメルセデスの社員の一部と正規販売店の社長だけ。基本的には、誰かが表彰されると拍手をするという繰り返しでした。

「ずっと拍手ばかりしているな。なんだ、これは拍手のセレモニーか?」とドイツ人役員に怪訝《けげん》な顔で聞かれたこともあります。

祝う気持ちはあっても、ただ拍手をしているのでは退屈します。また、上の人だけの表彰式というのは、どこか違うと私は思っていました。

二〇一四年の舞浜アンフィシアターには販売店関係者が六〇〇人、メルセデス・ベンツ日本の従業員が五〇〇人、関係会社の社員を加えてトータル一二〇〇人ほど集まりました。

好成績をあげた現場のセールス、そのセールスを支えているサービススタッフ、現場を取りまとめている販売店の代表者と営業責任者。販売店関係者の家族もいます。社内からはアフターセールス部門、セールス&マーケティング部門、管理部門をはじめ、社員全員が参加という力の入れようです。

大がかりな表彰式を行ったり、トップセールスたちを招いて日頃の販売について感謝とねぎらいの思いを伝える旅行を開催したりといった〝インセンティブ〟も、メルセデスらしいひとひねりがあり、心から楽しめて、次の頑張りを加速させるものにしたい。そんな思いがあります。

表彰式やお祝いの旅行については、ふたつの考え方があると思います。

セールスの人たちは頑張っているかもしれないが、販売店から給料やボーナスというかたちの対価をもらっているのだから、別会社であるメルセデスが家族まで呼んで祝ってあげる必要はないという考え方がひとつ。

もうひとつは、セールスの頑張りを確実にするためには、「お父さんの頑張りが家族の幸せ」という大命題があったほうがいいし、それをご家族に理解してもらうために、メルセデスがサポートすべきだという考え方です。

私は、メルセデスを選んでくださったお客さまにはずっと選んでいただきたいし、メルセデスを売る人たちには、「世界一のクルマを心をこめて売っている。自分の仕事は家族に誇れるものだ」と思ってほしい。

たしかにビジネスライクにいえば、全国の販売店はフランチャイズ契約をしている別法人であり、そこに属するセールスの人たちは、いってみれば取引先の社員なのかもしれません。しかし、そんなビジネスライクはいりません。販売店の人たちは一緒に仕事をしている大切なパートナーですし、クルマを売らないインポーターたる私たちの仕事は、マーケティング、メディア戦略、ブランディングを含めて、〝売る人〟のサポートをすることなのですから。

それぞれの販売店はインセンティブの考え方もきちんともっているので、私たちが表彰しなくても、頑張った人にはお金を含めて対価は提供されていますが、**人が頑張る理由はお金や休暇だけではありません。ブランドに誇りをもつこと。名誉を体感すること。家族に喜んでもらうことも大きな〝対価〟となるはずです。**

実際、表彰式後には、「楽しかった。パパ、来年も行きたいよ！」と子どもにいわれて、また表彰されるように頑張ろうと思ったといった声や、「すごくよかった！ダンナを頑張らせて、来年も絶対来させます」という奥さんの声も多く寄せられます。「セールスウーマン賞」や「ショールームスタッフ賞」など、女性が表彰される場面も増えていて、同席した夫や子どもたちがうれしそうにしている様子を見ると、こちらまでうれしくなります。

家族も招いてのお祝いごとは、表彰式だけでなく、優秀な販売実績を残した販売員を招待するインセンティブトリップも同じです。

以前は、トップセールスだけをお招きしていたのを、二〇一二年の沖縄旅行からは家族同伴の招待とし、翌二〇一三年の宮古島では「お子さんがいて、連れてこられる場合はぜひどうぞ！」と呼びかけ、ホテルに社員手づくりのキッズルームを急ごしらえして、プロのシッターさんと共に女性社員たちがベビーシッターを引き受けました。

これは、「海外旅行に連れていっていただくより、国内でも家族同伴がいい」という販売店のセールスの声に共感したからでした。

現場のセールスたちは、展示会は休日だし、見込みのあるお客さまやオーナーに呼ばれたりしたら、朝や夜中に出かけなければならないこともある。家族との時間であっても、お客さまを優先することは多いでしょう。セールスは家族のサポートなしにはできないことだと思います。

私も二〇〇一年に父親になりましたが、子育てを妻に全部任せてしまったことは、今でも反省点です。当時の私は朝は早い、夜は遅い、海外出張はしょっちゅうで土日は展示会や販売店回りという日々でした。

「わかってくれ。俺が働かなきゃ、子どもも育てられないし」という私を、自身もずっと仕事をしていた妻は理解してくれたし、「頑張ってやりなさいよ！」と励ましてくれましたが、うちの息子は双子です。両手にピーピー泣く赤ん坊を抱いて、妻は苦労していたと思います。

大きな成果は家族のサポートあってこそ。そう思うと、「素晴らしい成果でしたね、おめでとうございます！」の感謝と祝福の思いは、自然とそれを支える家族にも向かうのです。

「メルセデス・ベンツ　最も愛されるブランドへ」

これは私が社長になったとき、社員の指針になるものを考えて決めた、カンパニービジョンです。私のキャラクターからして口ではなかなかいえない表現なので、こんなことを書くのは照れくさい気もしますが、愛があるブランドになるには、そこにかかわる全員が愛に満ちていなければなりません。

やるならとことん、中途半端はいちばんダサい

苦しい時期をくぐり抜け、最後まで完走し、過去最高記録を出した二〇一三年を祝う表彰式。その記録を上書きして、さらに高みを目指す二〇一四年を始めるパーティ。趣旨はまさに〝王道〟の表彰式であり、厳粛さがふさわしいものですが、そこにメルセデスなひとひねりを加えたい。お祝いごとらしく楽しくはじける、ポップな演出がしたい。それはここ数年、私たちが取り組んできた戦略に通じる気がしました。

関係者を広く集め、家族も呼び、王道なのにポップな〝something special〟をやろう。陣頭指揮をとっていた私は、企画段階で**「アカデミー賞の授賞式を目指す！」**と宣言しました。

ご存じの方も多いと思いますが、主演、助演賞候補の男優女優はもちろんのこと、かかわった作品がノミネートされた監督、脚本、音楽といった映画関係者たちが美しい衣装やタキシードに身を包み、家族同伴で観客席にいます。受賞者が発表されると壇上に上がって表彰されますが、プレゼンターもまたセレブリティたち。プレゼンタ

ーも受賞者も、感動的なスピーチをします。司会のコメディアンのトークや合間のミニコンサートも素晴らしい演出で、ショーとしても楽しめる「これぞエンターテインメント！」というイベントです。

メルセデスの表彰式も、どうせやるなら最高を目指したい。アカデミー賞ほどではありませんが、結構なお金もかけるのですから、一銭も無駄にしたくない。最善でなければ意味がありませんし、中途半端はいちばんダサいのではないでしょうか。

当日の私は社長というよりプロデューサー状態。自分もスピーチなどするのに「あれはどうなった」「これはどうだ」と気になって、ちょっとでもほころびがないよう文字どおり走り回りました。

参加した方に喜んでいただけるよう、一流の芸能人、スポーツ選手の方々にもプレゼンターやパフォーマンスを担っていただき、会を盛り上げてもらいました。

ただ歌を聞いて、有名人が出てというのでは単調なので、著名人の方々にお願いし、「過去最高台数おめでとうございます」というメルセデスのためのビデオメッセージも製作したり、コメントを流したりしました。

「目指せ back to back!　二年連続は最高にうれしいぞ！」

トーナメントで二勝していた有名ゴルファーからのメッセージは、同じく二年連続の過去最高記録を目指している私たちにぴったりなものでした。

来年の六万台に向かって心をひとつにするよう、全員に「60K」というバッジをつけ、会の最後には大砲をバン！　と打って紙吹雪。

音楽。拍手。メルセデスファミリーの心がひとつになった瞬間でした。

盛大なお祝いの会から一年、**メルセデス・ベンツ日本は二〇一四年に六万台を達成しました。**二〇一五年二月に行われた表彰式のテーマは「紅白歌合戦」。二〇一四年の達成を祝う会なので、二〇一四年に各界で大活躍した方々をゲストにお招きしました。

前回、小さなお子さま連れの受賞者が多かったこともあり、今年はどう喜んでいただこうかと考えて、各地からご当地キャラ一一体にも遊びに来てもらったり、「ようかい体操第一」をみんなで踊ったりと、大いに盛り上がりました。

もちろん、販売店のセールスの方々、それを支える販売店や家族、そして販売をサポートするメルセデス・ベンツ日本のスタッフたち。一人ひとりの日々の努力あってこその大きな成果。だから私にとって、「来年は何をやってやろうか」と思いめぐらせることはこの上なく幸せな瞬間ですし、そんな思いがあるから、"something special"をと、奔走してしまう。

誰かのことを思っての「ひとひねり」。もっと楽しめる方法は？　もっと喜ばせる方法は？　もっと好きになってもらえる方法は？　そんな「ひとひねり」は、何よりやっている本人がいちばん楽しいのです。

CHAPTER-6

Chapter-6

数はやがて質になる

実績は常に上書き。
数字は生きものだから、
それを追って前を見て快走したい。
運転でも人生でも、
後ろを振り返るのは危険です。

Mercedes Way

「ベンツ流」を脱ぎ捨てさらに進化するために

本質は地位にも権力にもない

「メルセデス・ベンツ日本設立以来初めての日本人社長ですね」

「四八歳とお若いわけですが、今後の抱負は？」

二〇一二年一二月に社長に就任した際、たくさんのメディアにこう聞かれましたが、私自身にあまり気負いはなく、本音は「社長になってもたいして変わらない」でした。不遜《ふそん》な気持ちはないし、かといって社長になりたくないわけではない。もともと「社長になりたい」と思ったことがなかったのです。

実は謙虚な性格だとか、ポジションが嫌いだとか、変にカッコつけているとかいう話ではなく、入社以来メルセデスの社長といえば、ダイムラー社から来る外国人がなるものだと決まっていました。

社長であればドイツ本社とのやりとりが必須であり、ヨーロッパでもアジアでも、世界のメルセデスにドイツ語が話せない社長は一人もいません。私のドイツ語はビジネスレベルではなく〝流暢《りゅうちょう》〟とはほど遠い。だから、社長という立場はまずないと思っていました。

そうかといって卑下するつもりもなく、「副社長のままでもなんら問題なし、毎日を懸命に奔走しよう」という感覚でした。セールス＆マーケティング担当副社長として会社全体を見ることに大きなやりがいを感じていたし、社長が外国人である以上、日本の販売店と協力して目標台数を売るための営業戦略、日本市場のマーケティング、日本向けのメディア戦略やブランド構築、日本人が多数を占める社員のマネジメント、このすべてが副社長である私の仕事。

「コネクションを絶対つくる！」「販売目標台数達成！」と全力疾走もしており、やるべきことがありすぎて、「よし、いつか社長になってやるぞ」と考える時間がなかったのかもしれません。

無邪気に社長に憧れるには、社長の大変さを知りすぎていた部分もあるでしょう。ダイムラーのような企業とは比べものにならないちっぽけな会社ですが、私の父親も経営者で、余裕があるときもありましたが波も大きく、「お金がない」「不渡りが出る」と資金繰りに苦労する様子を子どものころから見てきました。取り立てのための海外出張にも同行させられたくらいですから、「起業したい」とか「いつか社長になりたい」という思いを抱くことはありませんでした。

社長任命を決定したのはドイツ本社の役員会ですが、推薦してくれたのは前社長のニコラス・スピークス。私の経験や販売店との関係、ビジネスセンスを強く推してくれたとあとから聞きましたが、私に対してはこんな話をしていました。

「おまえには弟はいないのか？」

「いや、一人っ子ですけど」

「そうか、残念だな。副社長の仕事はこれまでどおりやってもらって、おまえにそっくりな弟に社長をやってもらうと、ちょうどいいんだけどなあ」

これまでやってきたことと、経営者としての仕事。一人二役、双子になったつもりでやれということでしょう。**私の〝弟〟はメルセデス・ベンツ日本代表取締役社長かもしれませんが、私自身はこれまでどおり、現場で働く上野金太郎。**古いイメージの〝ベンツな社長〟ではなく、いつも新しいひとひねりを加える〝メルセデスな社長〟として経営を担うと決めました。

若い平社員のころ、「俺は偉いぞ！」とばかりに傲慢な他部署の上司に「その態度はないんじゃないですか」と生意気にも歯向かったら、「悔しかったら部長になってみろ！」といわれたことがあります。私を奮い立たせるためにわざといってくださったのかもしれませんが、「ポジションでいばるのは嫌だ。いつかは自分も長がつく立場になるだろうけど、あんなカッコの悪いことだけはやるまい」とひそかに誓いました。

今でも妙なヒエラルキーにはとらわれたくない。気を遣っていただくのはうれしいのですが、仰々しいのは恥ずかしい。社長になっても自分でドアは開けられるし、エレベーターのボタンも自分で押せます。「お鞄《かばん》、お持ちします」といわれることもありますが、トレーニングをして体を鍛えている私は、わりと力もあるほうです。

厳しい指示もしますし、無茶苦茶に高い要求もしますが、基本は常に人対人。若手社員と出張に行ったら、鞄を持ってもらうより、仕事終わりに居酒屋で呑《の》むほうが私の性に合っている。昭和丸出しで古臭いのかもしれませんが、一対一のつきあいとは、そうそう変わるものではないでしょう。

社長になるということは、ふんぞりかえることではない。これまで以上に責任が重くなり、やるべきことも増えるということ。与えられた権利の範囲も広がったということは、期待されることも大きいということです。そこから義務を割り出し、よりドライブをかけて、成功の起承転結をつくるべく頑張っていくしかありません。

僅差の勝利は「まぐれ」、「圧倒的に」勝つためにどう考えるか

これまでの外国人社長の任期は三年から五年でしたが、ドイツ本社には「ロングスパンで経営を見てくれ」といわれています。私はそれを、「メルセデスの未来も見据えて責任を果たすこと」だと受け止めています。

今の数字はたしかに好調です。二〇一四年はグローバルと日本国内ともに過去最高の販売台数を達成。メルセデス・ベンツ日本については、二年連続で過去最高記録を更新したことになります。六万台は達成しましたが、しかし、決してゴールではなく、先は長い。

先が長いと思う理由のひとつは、日本の自動車市場で輸入車の比率はまだまだ低いこと。優良な国産メーカーがたくさんあるとはいえ、輸入車シェアが三〇パーセント以上の欧米に比べて、日本は一〇パーセントを切っている。「伸びしろがすごい」とまではいいませんが、期待値はあります。国産優位という牙城をどうやって切り崩していくかは、これからの挑戦であり楽しみでもあります。

そのためにも、グローバル化が進む世界から見たとき、日本というマーケットを魅力的なものに育てねばならないでしょう。

二〇一四年、メルセデス・ベンツ日本は三年連続してマーケット・オブ・ザ・イヤーを受賞しました。これはダイムラー社が、世界中でメルセデス・ベンツを販売するメルセデス・ベンツ・カーズの販売実績にかかわるいくつかの指標を総合的に評価し、その年最も魅力あるマーケットに与えるもので、七年の歴史があります。

私は初回から授賞式に出席し続けていますが、最初は気楽な〝拍手隊〟でした。ところが五年目にあたる二〇一二年に初受賞し、六年目の二〇一三年も受賞することができました。

「二連覇したマーケットはないのにできてしまった。今年も欲しいけれど三連覇はさすがに無理だろう。とはいえ、社員はみな三連覇を目指して本当によく頑張ってくれた。それを思うとプレッシャーだな」そう思っていると、雪で飛行機が遅れ、いささか憂鬱な気分でシュツットガルト入りした二〇一四年の授賞式。それだけに、会場で「Japan!」と呼ばれて三連覇を果たした感動は言葉に尽くせないものがありました。

ダイムラー社メルセデス・ベンツ・カーズのなかでは、日本は二〇一五年現在、アメリカや中国、ドイツ、英国に次ぐ、世界で五番めのマーケットになっています。これまで上にいたイタリア、フランスを抜いてきたわけですが、マーケットとして成長する期待値はまだまだあると思っています。

過去最高記録をつくるのは爽快ですが、過去の栄光にひたるのはみっともない。実績は常に上書き。数字は生きものだから、それを追って前を見て快走したい。運転でも人生でも、後ろを振り返るのは危険です。

「部長になったら上がり」とか「社長になったら上がり」という働き方は嫌いだし、「ここがゴール」と満足してしまう企業も物足りない。私がいてもいなくても、メルセデス・ベンツ日本は、前に進もうという人たちの集団であってほしいと思います。

どんな成功にも「重力」はかかっていて、上がったものは必ず落ちます。ライバルも猛烈に努力しているなかで日々小さなチャンスをものにしていかなければならないのですから、「落ちないようにする次の一手は何か」と、常に考え続けねばなりません。僅差では、負けても勝ってもまぐれかもしれない。だから圧倒的な差をつけて大勝利をしたい。そのためにも油断は大敵なのです。

好調だと脇が甘くなるのが人情だから、気持ちもコストも引き締めたい。あえてテンションを下げ、冷静になることも必要でしょう。浮き足だつのは失敗のもと。ブレーキを踏んでストップするのではなく、いったん少しスピードを落とし、落ち着いて運転する。そうしてこそ、再び速く走れるはずです。

「スピードを落とすといっても、上野さん、今年も過去最高台数を売るつもりでしょう？」

そう聞かれたら「おぉ、もちろん売りたいよ！」と答えます。企業である以上、数は力。社員とその家族、メルセデスにかかわる人たちが暮らしていくためには数が重要ですし、数の力がなければ、魅力あるマーケットとはいえません。しかし、同時に質も伴わなければ、真に魅力あるマーケットとはいえないのです。

〝必死でつかみとる六万台〟ではなく、六万台が安定的に売れる基礎体力をつけたいものです。ブランドを高め、オーナーとなってくださった方に満足していただき、企業としての質を高めていくことが、何よりの基礎体力になるはずです。

グローバルな発信力を高めるためにできること

〝クルマを売らないショールーム〟をつくったからというわけではないのですが、販売とは直接結びつかない出会いをつくることも、経営者としての私の役割だと考えています。

たとえば、〈ＳＬＳ ＡＭＧ ＧＴ３〉というレーシングカーが日本のカーレースに出場し始めたのをきっかけに、二〇一一年からレース会場で「メルセデス・ベンツ特設ラウンジ」を開設しています。

とはいえ、カーレースはカスタマースポーツというカテゴリーで、メルセデス・ベンツ日本はスポンサーにはなれません。〈ＳＬＳ ＡＭＧ ＧＴ３〉は、ドイツ本社が直接販売しており、私たちは販売に関与していないのです。

こうした事情にかかわらず全レースに行き、ラウンジを設け、積極的に応援しているのは、お客さまとの出会いの場のひとつだととらえているから。金銭面ではなくエンジニアの派遣をコーディネートするというかたちでチームのお手伝いをする。アニメーションＣＭ〈NEXT A-Class〉のキャラクターを広告宣伝の一環として一レースだけ車体に貼る。それは、クルマが好きな人が集まる場である以上、メルセデスはかかわって当然だと思っているためです。

クルマだけではありません。メルセデスと相性のいいスポーツを通しての出会いは積極的に広げていきます。

ＬＰＧＡ（一般社団法人日本女子プロゴルフ協会）とオフィシャルパートナーシップを結び、〈メルセデス・ランキング〉をつくりました。ＬＰＧＡツアー各大会での順位や出場ラウンド数をポイントに換算して、年間を通じて選手の活躍度を評価しています。二〇一五年三月からはランキング一位の選手にシード権三年を付与することになり、ますます盛り上がることが期待されます。

ファッションもメルセデス・ベンツとの親和性が高いため、二〇一一年から〈メルセデス・ベンツ ファッション・ウィーク東京〉のオフィシャルスポンサーにもなりました。一九八五年に設立され、春と夏に行われてきた、歴史ある「東京コレクション」をより新鮮で魅力あるものにするために、〈メルセデス・ベンツ コネクション〉という場も提供しています。

私自身も、ブランドアンバサダーとして、できるだけ多くの人にメルセデスのよさを伝えたいという思いから、大学や社会人大学などで、若い人に向けて講演をすることもあります。

私の話で若い人たちのメルセデスに対する印象が変わってくれればいいと感じますし、将来自分がクルマを持つことを考えるとき、「そういえばメルセデスの社長が面白いことをいってたな」と思ってくれればうれしい。話が得意なわけではありませんが、せっかく聞いてくださるのだから何かしら意味があることをお伝えできたらと思っています。母校である早稲田大学の講演会では外国人学生もたくさん聞きに来てくれたので、自分たちの出身国で考えていたメルセデス像と、今の日本において展開しているメルセデスの違いに驚いてもらえたら最高です。

私は世界展開するダイムラー社メルセデス・ベンツの日本代表です。〈メルセデス・ベンツ コネクション〉やアニメーションコンテンツなど、日本から新たな発信をするという経験ができたのですから、今後はメルセデス・ベンツを広めるだけでなく、日本という国がブランドとしてもっと評価される一助になれたらと願っています。

ダイムラー社が創設に携わり、現在もグローバルパートナーを務めている〈ローレウス世界スポーツ賞〉というものがあります。スポーツ界のアカデミー賞といわれ、欧米ではよく知られたアワードです。各年、スポーツの分野で活躍した選手・団体を称えるもので、アフリカの恵まれない子どもたちを支援するなどチャリティー色が強く、コンセプトを含めて高く評価されています。

ローレウス・アカデミー実行委員長は、ロサンゼルスオリンピックで選手宣誓をした陸上のエドウィン・モーゼス。会員には体操のナディア・コマネチ、競泳のマーク・スピッツ、「ロンドンオリンピックを招致した男」として知られる陸上のセバスチャン・コーなどが名を連ねています。

最近の受賞者はF1のセバスチャン・ベッテル、陸上のウサイン・ボルト、テニスのノバク・ジョコヴィッチ、競泳のメリッサ・フランクリンなどそうそうたるメンバー。

ところが、日本では、このアワードの存在があまり知られていません。理由のひとつには、日本人がこれまで一人も受賞していないからということがあげられるでしょう。サッカーワールドカップで圧勝した〈チームなでしこ〉と、キャプテン澤穂希《ほまれ》選手も、チーム部門、個人部門のそれぞれにおいて最終候補者の六チーム（六人）のひとつにノミネートされましたが、受賞は逃しました。

二〇一三年、ブラジルで行われたローレウスの授賞式に参加したとき、私は歯がゆくてなりませんでした。決してホームびいきでいっているのでありません。受賞する力があるのに日本人がノミネートすらされないことが多いのは、システムに問題があると痛感したのです。

サッカーの本田圭佑選手、スキージャンプの高梨沙羅《さら》選手、テニスの錦織《にしこり》圭選手など、世界的に評価されている人たちがスルーされてしまうのは、世界で発言できる日本のスポーツアンバサダーが不在であることが原因ではないでしょうか。選考は世界のスポーツ・ジャーナリストの投票と委員会のメンバーの評議によってなされますが、委員会に日本人がいなければ受賞はしにくいのではないかと思ってしまうのです。


これはあくまで一例ですが、「日本人はまだまだアピールが上手ではないな」と感じます。企業としてスポーツを応援したり、ファッションを応援したりすることを通して、世界での日本人の発言力をもっと高めていきたい。それも広い意味では、ブランドアンバサダーである私の役割かもしれない、そんな気もするのです。

私はメルセデス・ベンツの社長ではなく、メルセデス・ベンツ日本の社長なのですから。

「クルマの未来」をつくる責任を抱いて走り続ける

ダイムラー社には**「自動車を発明した企業としての責任」**という考えがあることはすでにお伝えしました。

特に重要な安全技術を開発した際、特許を独占せずに世界に技術を公開しているのは、安全なクルマ社会をつくることが自分たちの使命だという強い思いからです。

クルマは利便性やスピード、快適さやカッコよさを追求すると同時に、大前提として、安全でなくてはなりません。

物流がますます多くなる時代、トラックなどの商用車の事故をなくすためにメルセデスがしなくてはならないことはたくさんあります。

「クルマ離れだ」とか「クルマを持っていないから、自分には関係ない」と思う人がいるかもしれませんが、クルマにかかわるのは運転者だけではありません。私たちが手にする商品は、ほとんどがクルマを介して運ばれてきますし、犬の散歩で歩く道も、通勤や通学で歩く道も、全部が歩行者天国でもなければ、車両通行止めでもないでしよう。

この社会で暮らすすべての人が、何かしらクルマとかかわっているということは、それだけクルマを扱う企業の責任も重いと私は受け止めています。

人のために生み出されたクルマが人を傷つけないために、課題はたくさんありますが、どんな状況下であれ、できることはある。打つ手もたくさん生み出せるはずです。私たちはまだまだ、進化できるのですから。

できることのひとつとして、この本の印税はすべて公益財団法人交通遺児育英会に寄附することを決めています。ささやかな大河の一滴ですが、大河は無数の一滴でできているのですから、自分にできることはどんなことでもやっていくつもりです。

メルセデスの最新の安全性への取り組みのひとつに、安全運転支援システム「レーダーセーフティ」というものがあります。

「レーダーとステレオカメラによってクルマや障害物の存在を感知し、衝突の危険から身を守るバリアのような存在」こういうとイメージしやすいかもしれません。二〇〇五年に世界で初めて自動車に搭載されました。メルセデス・ベンツは高価格帯のクルマはもちろんのこと、新型Aクラスにも機能の一部を搭載しています。このシステムによって、クルマと人のつきあい方は変わります。クルマの未来をつくる一歩になるかもしれません。

たとえば、難しい操作をしなくても、先行車と適度な車間距離を自動的にキープできる機能。これは追突といった事故の減少に貢献できます。

車線変更や、縦列駐車のハンドル操作を自動サポートする機能は、「クルマの運転は大変だ」と思う人や「駐車場にうまく入れられない」と感じている人への朗報となるでしょうし、高齢化社会には役に立つ場面が増えるはずです。

衝突の危険を回避する歩行者検知機能付き緊急ブレーキは、事故で悲しい思いをする人を減らすためのツールです。運転者のみならず、歩行者も、自転車に乗る人も、ジョギングする人も、道路を使うすべての人に、快適で安全に過ごしてほしい。だから私たちのクルマを、もっともっと、多くの人に知っていただきたいと思っています。

メルセデスが提供するのは「ぶつからないクルマ」ではありません。安全や快適を補佐するのがクルマで、運転するのはあくまで人です。ツールがなくてもできることはありますが、ツールがあったほうが快適にできることもたくさんありますから、私たちがお届けするツールをうまく使いこなしていただけたらいいと思っています。

クルマの未来には、たくさんの心躍る楽しみもあふれています。

自動運転は「事故なき運転」を実現するための重要なステップですが、将来的には運転が退屈なとき、しばし代行してもらうことも可能になるでしょう。

二〇一三年、メルセデスはドイツ・マンハイムからプフォルツハイムまで、全長約一〇〇キロメートルの自動運転実験に成功しました。このコースには、市街地から郊外まで、あらゆるエリアのさまざまな特性の道が含まれています。３Dデジタルマップ、ステレオカメラ、レーダーセンサーを駆使することで、〝クルマ自身〟が信号や交通標識、ほかの車両や歩行者を認識して走行しました。

まだ詰めるべき部分はありますが、ドライバーがハンドルから手を放しても安全に運転を行う技術そのものは、すでに開発されているといっていいでしょう。

まさに夢のような、私が子どものころに見た、アニメや映画の世界さながらのクルマ。しかしもはや夢ではありません。**自動運転機能を搭載した「未来のクルマ」である次世代カー〈F015 ラグジュアリー・イン・モーション〉は、二〇一五年一月、**

ラスベガスのCES（国際家電見本市）で発表され、大きな反響を得ています。

四人がゆったり座れるシートは、対面式にもなり、運転する人、乗る人、といった従来のクルマのスタイルを大きく変えうるものです。

クルマそのものにドライバー役をサポートしてもらうことで、乗る人全員でミーティングをしたり車内で遊んだりすることも、私の息子たちの時代には、実現しているかもしれません。

そんなクルマの未来においても、メルセデス・ベンツはトップブランドとして走り続ける存在でいたいと思っています。

EPILOGUE

伝統を守り、今を生き抜き、未来につなぐ

本を書くということには、戸惑いもありました。

「目下、奮闘中だよ？　突っ走ってる真っ最中だよ？　現役社長が本なんか出していいのかな？　特別すごい話はないし、ためになる話も書けないし、だいたい、ありがたいこととか偉そうなことは、いうのも書くのも嫌いなんだけど」

失礼を承知で打ち明ければ、これが出版企画をいただいたときの、私の素直なリアクション。若いころ、「五〇歳はありえないくらい大人だ。というかオヤジだ」と思っていましたが、いざ自分がなってみれば、まだまだ若輩者です。過去を語るのは早すぎる、という思いもありました。

仕事にはかなり厳しいほうではありますが、立派な人間にはほど遠い。「体調管理も経営者の仕事だ」と思ってジムに通い、体重を絞り、トライアスロンまでしていながら、テレビを見ながらつまむ〝夜中の柿ピー〟がどうしてもやめられず、妻にも内緒で寝室の引き出しに隠しているという、自分に甘い男です。

当然、経営者としては駆け出しの未熟者であり、まだまだ学びの途上にあります。

しかし、懸命にひたすら走り続けてきた三〇年近くの出来事を改めてひもとくということは、仕事人としての起承転結を考えるきっかけになると気づきました。

私は、起承転結なきビジネスはないと考えています。だから部下と呑《の》みに行っても、家族と旅行をしても、テレビで企業の謝罪会見を見ても、新しい商業施設の発表会に列席しても、あらゆるところで「起」の断片、「承」の実例、「転」のエピソード、「結」の逸話を収集し、日々の仕事に役立てています。

あらいざらい出しきったこの本には、メルセデスの伝統やブランド理念だけでなく、私たちメルセデス・ベンツ日本の起承転結、トライ&エラーを詰め込んだつもりです。みなさんにそれを、日々の仕事のヒントにしていただければと願っています。

また、私は未熟な経営者ですが、メルセデス・ベンツは成熟したブランドです。理念も素晴らしく、技術もデザインも完成度が非常に高いと、身びいき抜きで感じています。だからこそ、悩むのです。

「こういう『できあがったもの』を、変わりゆく時代のなかで『変わらずに輝き続けるもの』にするためには、どうしたらいいのだろう？　伝統を守り、今を生き抜き、未来につなぐには、どういう戦略があるのだろう？」と。

これはおそらく、日本やドイツ、アメリカという成熟したマーケットが抱える共通の課題です。本書を、その渦中にある現場の人間の〝生の声〟として読み、みなさんの戦略の参考にしていただくこともできるのではないでしょうか。

❖

お断りするまでもありませんが、本書はあくまでヒントであってお手本ではなく、「役立つノウハウが満載」など、ありえない話です。「一〇〇万人が泣いた！」といわれる映画はたぶん、多く見積もっても一〇万人の涙しか絞っていないし、答えはひとつではありません。

状況は変わるし、鉄板はないし、正解はない。人には向き不向きもあり、企業にはそれぞれ色があります。

だから自分に合うものだけ選んで、使い倒していただければ、いちばんうれしい。読んで感動してツイートしていただくよりは、「おっ、わりと使えるよ」と、読み終わったらすぐさま本を放り出して、ご自身の仕事にとりかかり、実際に動いていただきたい。

その意味でこの本は、自伝ではなく、ビジネス書ではなく、みなさんの仕事の〝部品〟です。

「せいぜい一本のネジとしてしか使えない」と思う方もいれば、「なかなかいいナビだね」と思ってくださる方もいるかもしれません。いずれにしろ、本書という部品を使って、みなさんのビジネスを組み立てていただければ最高です。

みなさんも私も、同じ時代を走っています。なかなかに手強い道を走行中です。多少キツくても、途中へこたれても、完走するのが気持ちいい。単純かもしれませんが、私はそう信じています。

今、メルセデス・ベンツが好調なのは、私一人の力などでは決してありません。お客さまから選んでいただけるよう、日々駆け回り、たゆまぬ努力をされている販売店のみなさん、そしてメルセデス・ベンツ日本の社員が支えてくれてこその結果です。
これからも、「メルセデスな」頼もしいチームとともに、快晴の日も雨の日も、いろいろな道を走っていきたいと思っています。道なき道の向こうにどんな景色が広がっているのか、今からとても楽しみです。

最後までお読みいただき、ありがとうございました。

二〇一五年　春

上野金太郎

上野金太郎（うえの・きんたろう）

メルセデス・ベンツ日本株式会社代表取締役社長。1964年東京都生まれ。早稲田大学社会科学部卒業後、1987年創業間もないメルセデス・ベンツ日本に新卒採用1期生として入社。営業、広報、ドイツ本社勤務などを経験したのち、社長室室長、商用車部門取締役、常務取締役、副社長などを経て、2012年代表取締役社長兼CEO就任。歴代初の日本人社長となる。これまでの顧客を大切にしながら、新しいマーケットにリーチすべく数々の斬新な手を打ち、2年連続で過去最高となる国内新規登録台数を記録。国産を含む高級乗用車ナンバーワンの新車販売実績を誇る。東京と大阪に〝クルマを売らないショールーム〟「メルセデス・ベンツ コネクション」を開設。アニメーションCM製作やキャラクターとのコラボレーションなど、日本発の取り組みが世界中の注目を集めている。

なぜ、メルセデス・ベンツは選ばれるのか？

2015年4月10日　初版印刷
2015年4月20日　初版発行

著　者　上野金太郎
発行人　植木宣隆
発行所　株式会社 サンマーク出版
東京都新宿区高田馬場 2-16-11
(電)03-5272-3166
印　刷　株式会社暁印刷
製　本　株式会社若林製本工場

ISBN978-4-7631-3458-5　C0030
ホームページ　http://www.sunmark.co.jp
携帯サイト　http://www.sunmark.jp